U0213633

国家出版基金项目
NATIONAL PUBLICATION FOUNDATION

矿区生态环境修复丛书

砂石矿废弃地生态修复

沈渭寿　王　涛　闫瑞强
欧阳琰　方超群　刘　革　等 编著

科学出版社
龙门书局
北京

内 容 简 介

本书全面介绍砂石矿山开采的生态环境问题，系统总结砂石矿废弃地生态修复和环境污染治理技术与方法，并选择典型砂石矿区，开展砂石矿废弃地山水林田湖草生态系统修复和土地综合利用研究，以期为推进砂石矿废弃地生态修复与环境污染治理提供科学支撑。

本书可供从事砂石矿区生态环境监测、评价与治理的科研人员和工程技术人员，以及高校环境科学、生态学、遥感和地理信息科学等相关专业的老师和研究生参考阅读。

图书在版编目（CIP）数据

砂石矿废弃地生态修复 / 沈渭寿等编著.—北京: 龙门书局，2021.3
（矿区生态环境修复丛书）
国家出版基金项目
ISBN 978-7-5088-5899-9

Ⅰ.① 砂⋯　Ⅱ.① 沈⋯　Ⅲ.① 工矿区-生态恢复-研究　Ⅳ.① X322

中国版本图书馆 CIP 数据核字（2021）第 034336 号

责任编辑：李建峰　杨光华　孙寓明 / 责任校对：高　嵘
责任印制：彭　超 / 封面设计：苏　波

科 学 出 版 社
龙 门 书 局 出版
北京东黄城根北街 16 号
邮政编码：100717
http://www.sciencep.com

武汉精一佳印刷有限公司印刷
科学出版社发行　各地新华书店经销
*
开本：787×1092　1/16
2021 年 3 月第 一 版　　印张：15 3/4
2021 年 3 月第一次印刷　　字数：376 000
定价：198.00 元
（如有印装质量问题，我社负责调换）

"矿区生态环境修复丛书"

编 委 会

"矿区生态环境修复丛书"序

我国是矿产大国,矿产资源丰富,已探明的矿产资源总量约占世界的12%,仅次于美国和俄罗斯,居世界第三位。新中国成立尤其是改革开放以后,经济的发展使得国内矿山资源开发技术和开发需求上升,从而加快了矿山的开发速度。由于我国矿产资源开发利用总体上还比较传统粗放,土地损毁、生态破坏、环境问题仍然十分突出,矿山开采造成的生态破坏和环境污染点多、量大、面广。截至 2017 年底,全国矿产资源开发占用土地面积约 362 万公顷,有色金属矿区周边土壤和水中镉、砷、铅、汞等污染较为严重,严重影响国家粮食安全、食品安全、生态安全与人体健康。党的十八大、十九大高度重视生态文明建设,矿业产业作为国民经济的重要支柱性产业,矿产资源的合理开发与矿业转型发展成为生态文明建设的重要领域,建设绿色矿山、发展绿色矿业是加快推进矿业领域生态文明建设的重大举措和必然要求,是党中央、国务院做出的重大决策部署。习近平总书记多次对矿产开发做出重要批示,强调"坚持生态保护第一,充分尊重群众意愿",全面落实科学发展观,做好矿产开发与生态保护工作。为了积极响应习总书记号召,更好地保护矿区环境,我国加快了矿山生态修复,并取得了较为显著的成效。截至2017 年底,我国用于矿山地质环境治理的资金超过 1 000 亿元,累计完成治理恢复土地面积约 92 万公顷,治理率约为 28.75%。

我国矿区生态环境修复研究虽然起步较晚,但是近年来发展迅速,已经取得了许多理论创新和技术突破。特别是在近几年,修复理论、修复技术、修复实践都取得了很多重要的成果,在国际上产生了重要的影响力。目前,国内在矿区生态环境修复研究领域尚缺乏全面、系统反映学科研究全貌的理论、技术与实践科研成果的系列化著作。如能及时将该领域所取得的创新性科研成果进行系统性整理和出版,将对推进我国矿区生态环境修复的跨越式发展起到极大的促进作用,并对矿区生态修复学科的建立与发展起到十分重要的作用。矿区生态环境修复属于交叉学科,涉及管理、采矿、冶金、地质、测绘、土地、规划、水资源、环境、生态等多个领域,要做好我国矿区生态环境的修复工作离不开多学科专家的共同参与。基于此,"矿区生态环境修复丛书"汇聚了国内从事矿区生态环境修复工作的各个学科的众多专家,在编委会的统一组织和规划下,将我国矿区生态环境修复中的基础性和共性问题、法规与监管、基础原理/理论、监测与评价、规划、金属矿冶区/能源矿山/非金属矿区/砂石矿废弃地修复技术、典型实践案例等已取得的理论创新性成果和技术突破进行系统整理,综合反映了该领域的研究内容,系统化、专业化、整体性较强,本套丛书将是该领域的第一套丛书,也是该领域科学前沿和国家级科研项目成果的展示平台。

本套丛书通过科技出版与传播的实际行动来践行党的十九大报告"绿水青山就是金山银山"的理念和"节约资源和保护环境"的基本国策,其出版将具有非常重要的政治意义、理论和技术创新价值及社会价值。希望通过本套丛书的出版能够为我国矿区生态环境修复事业发挥积极的促进作用,吸引更多的人才投身到矿区修复事业中,为加快矿区受损生态环境的修复工作提供科技支撑,为我国矿区生态环境修复理论与技术在国际上全面实现领先奠定基础。

干 勇 胡振琪 党 志

柴立元 周连碧 束文圣

2020 年 4 月

前　言

　　砂石是建筑、道路、桥梁、高铁、水利、水电、核电等基础设施建设用量最大、不可替代、不可或缺的材料，与人类的生存和发展息息相关。人类建设和改造世界，每年要消耗约 400 亿 t 砂石骨料，是继水（6 000 亿 t）之后消耗最多的第二大自然资源。我国砂石土矿资源总量丰富，但区域分布不均衡，各地生产规模差异较大，总体特征是东部规模化开发利用水平较高，西部较低。同时，我国年产砂石骨料约 200 亿 t，占全世界的 50%，年产值 1 万多亿元，运输费 3 000 多亿元，已形成一个庞大的产业。砂石矿是新型工业化、城镇化建设最基础的原材料资源，随着我国城镇化建设步伐的加快，对砂石矿的需求日益增多，砂石矿开采强度也越来越大。

　　砂石矿资源开发难度低，开采手段简单，对生态环境影响和破坏具有一定的不可逆性。露天开采及"多、小、散"是我国砂石土类矿产开采自身固有的特点，所以其对生态环境的破坏是不可避免的。开山采石改变了矿区地形、地貌，破坏了植被，造成了水土流失，同时易引发山体滑坡、泥石流等次生地质灾害。同时，露天采矿剥离的新岩面，与周围环境背景色反差巨大，景观破坏突出。砂石开采以多种方式影响空气质量，最为常见的是灰尘、空气冲击、逸散性颗粒物和气体排放。同时，砂石矿多采用干法加工，这些作业过程均产生大量粉尘，加之大量堆存尾粉、尾砂，在风力作用下随风起尘，加重了矿山的粉尘污染，造成局地大气污染加剧。

　　近些年来，随着生态文明建设步伐的推进，砂石矿资源开发利用与砂石矿山生态环境保护受到越来越多的关注，国家部委、各地政府陆续发布针对砂石矿山管理的相关文件，以强化对砂石资源合理利用的管理措施与砂石矿废弃地的生态修复。在一系列政策指引下，各地大力整顿和关闭传统的砂石企业，并开展了一系列矿产资源开发秩序整顿和整合专项行动，砂石矿"多、小、散、乱"的现状得到了一定程度的改善。但是受经济利益的驱动，不少地区偷挖盗采、非法开采砂石土矿资源时有发生。大多数矿山企业没有制订长远发展规划，重资源开发轻资源保护，重经济效益轻环境保护，开采和治理脱节，造成砂石矿山生态环境问题凸显。

　　本书是在对不同区域砂石矿实地调研并结合典型地区砂石矿废弃地生态修复研究的基础上完成的。根据我国砂石矿资源的特点梳理砂石矿的定义和砂石骨料的特点，分析我国砂石矿资源开采的现状和存在的主要问题。针对砂石矿山生态环境管理现状、矿山环境保护法律和现行的矿产资源税费政策进行研究，提出砂石矿山生态环境保护对策。围绕国内外砂石矿山生态修复研究进展和砂石矿山生态修复成果案例，对我国砂石矿开采过程造成的生态破坏和污染问题进行分析，总结出在砂石矿山生态修复和环境污染治理中可采用的较成熟的技术。以福建省长泰县吴田山花岗岩矿区废弃地为例，对单体砂石矿废弃地采用山水林田湖草修复理念开展生态修复和综合开发利用研究，并选取漳州台商投资区砂石矿废弃地为研究对象，针对区域内三个片区的砂石矿废弃地开展研究，根据片区内每个矿山废弃地的特点因地制宜地提出不同的生态修复模式。

本书是我和我所带领的研究团队多年来在砂石矿山生态环境保护与恢复方面的研究成果。近年来，研究团队对福建、浙江、江苏、山东、西藏等省（自治区）的50多个砂石矿山企业进行了实地调研。调研期间，实地察看了砂石矿开采现状及生态恢复情况，并与地方发改委、财政、自然资源、水利、生态环境、林业及矿山企业等部门代表和专家，就砂石矿山生态环境问题、生态修复治理、生态修复综合开发利用措施等开展了70多场座谈。

本书各章执笔人：第1~3章由沈渭寿、王涛、闫瑞强、邹长新、林乃峰、刘志坤、卢姣姣执笔；第4~7章由王涛、欧阳琰、沈渭寿、闫瑞强、司万童、燕守广执笔；第8章由王涛、沈渭寿、闫瑞强、司万童、方超群、刘革、刘志坤、卢姣姣执笔；第9章由欧阳琰、沈渭寿、闫瑞强、李海东、王涛、林乃峰、高媛赟、马伟波执笔。全书结构和内容由沈渭寿拟定，沈渭寿和王涛统稿和定稿。

本书研究工作得到科技基础性工作专项（2014FY110800）的资金资助，并得到生态环境部和福建省生态环境厅的大力支持。在本书出版之际，对生态环境部张文国处长，福建省生态环境厅陈维辉处长、林燊副处长，绿色矿山推进委员会轮值主席李建勇先生，以及漳州市生态环境局、厦门市生态环境局、漳州市长泰生态环境局的大力支持表示衷心感谢！

矿山资源开发利用产生的生态环境问题十分复杂，砂石矿废弃地生态修复具有长期性、综合性、复杂性。砂石资源的开发利用关系国家基础设施建设，对于保障经济社会可持续发展具有不可替代的作用。砂石矿资源开发和利用、砂石矿山生态环境监管、砂石矿废弃地生态修复措施和模式等很多问题仍然处于不断研究探索阶段，许多生态监管手段、生态修复技术和模式还需继续完善。本书虽然做了大量的实地调查和研究工作，但是难免存在不足，敬请读者批评指正。

沈渭寿

2020 年 3 月于南京

目 录

第一篇 砂石矿山生态环境问题与管理

第一篇

砂石矿山生态环境问题与管理

第1章 砂石矿及砂石骨料

1.1 砂 石 矿

目前国内关于砂石矿暂无权威明确的界定（史雪莹 等，2017），1994 年中华人民共和国国务院发布的《中华人民共和国矿产资源法实施细则》（国务院令第 152 号）的附件《矿产资源分类细目》中将矿产资源主要分为能源矿产、金属矿产、非金属矿产和水气矿产。非金属矿产的传统分类方式基本上是根据矿产的主要用途划分，分为冶金原料用非金属矿产、化工原料用非金属矿产、建材原料及其他非金属矿产。砂石类矿产是一些非金属矿产的泛称，属于法定的矿产资源。

根据《矿产资源分类细目》，将砂石类矿产归为非金属矿产，包括建筑石料用灰岩、制灰用灰岩、水泥用灰岩、水泥配料用砂岩、砖瓦用砂岩、建筑用砂、水泥配料用砂、砖瓦用砂、砖瓦用页岩、水泥配料用页岩、建筑用橄榄岩、角闪岩、水泥用辉绿岩、建筑用辉绿岩、建筑用安山岩、水泥混合材用安山玢岩、水泥混合材用闪长玢岩、建筑用闪长岩、建筑用花岗岩、饰面用花岗岩、水泥用粗面岩、水泥用凝灰岩、建筑用凝灰岩、建筑用大理岩、片麻岩等多种矿产。从长期资源管理与实践的角度，砂石资源是可用作建筑材料的砂石类矿产的总称，砂石类矿产主要包括砖瓦用黏土和建筑用砂石两大类（史雪莹 等，2017）。《中华人民共和国矿产资源法》（2009 修正）规定砂石资源管理权限归由地方政府（刘文颖 等，2018）。

根据多位学者研究成果（史雪莹 等，2017；姚桂明，2015；孙婧 等，2014；陈家珑，2011，2005）总结出砂石类矿产的特点主要有：①砂石类矿产不是一种矿，而是一类矿，并且其范围是不断变化的；②砂石类矿产是基于矿种、开采特点与用途等共同界定的，主要是指非金属类的、直接使用的及露天开采的、规模较小的、分散的矿产资源；③砂石类矿产是以需求为导向的，无论是开采的种类、规格，还是开采的数量等都是与需求紧紧相联系的，也可以将其称为订货式生产；④砂石类矿产具有属地性，其运输距离不宜太远，往往是就地取材。

1.2 砂 石 骨 料

砂石矿开采的主要产品就是砂石骨料，砂石骨料是工程中砂、卵（砾）石、碎石、块石、料石等材料的统称，即在混凝土中起骨架或填充作用的粒状松散材料。砂石骨料在我国广泛应用于高铁建设、高速公路建设、水利水电工程建设、新农村建设、城市住房改造工程建设、室内装饰、园林庭院建造等建设工程中，是一种十分重要的建设材料

（彭兴华 等，2019；胡幼奕 等，2019；王洁军 等，2018；韩继先 等，2013）。

1.2.1　砂石骨料分类

根据来源的不同，可将砂石骨料分为天然骨料、人工骨料和再生骨料三种基本类型（胡幼奕，2014；韩继先 等，2013）。

（1）天然骨料如河沙、河卵石、海砂、海石、山砂、山石等，主要来源于河水冲击积累、海沙沉淀等，是在自然力的作用下形成的。

（2）人工骨料如膨胀页岩、陶粒、膨胀珍珠岩等，是人类利用机械加工的手段将一些自然材料和废弃材料按照科学标准加工而成。

（3）再生骨料如矿渣碎石、膨胀矿渣、石煤碴等，是在工业生产过程中一些环节产生的副产品。

根据粒径的不同，可将砂石骨料分为细骨料和粗骨料两种类型。

（1）细骨料（俗称砂子）：一种直径较小的骨料，粒径在 0.15～4.75 mm，如河沙、海砂、山砂等，按产源分为天然砂、人工砂两类，天然细骨料如图 1.1（a）所示。

细骨料的颗粒形状和表面特征会影响其与水泥的黏合及混凝土拌和物的流动性。山砂的颗粒具有棱角、表面粗糙，但含泥量和有机物杂质较多，与水泥的结合性差。河沙、湖砂因长期受到水流作用，颗粒多呈现圆形，表面比较洁净，且使用广泛。

（2）粗骨料（俗称石子）：粒径在 4.75～9.0 mm 的岩石颗粒，如卵石、碎石等，人工粗骨料如图 1.1（b）所示。

（a）天然细骨料　　　　　　　　　　（b）人工粗骨料

图 1.1　骨料类型

碎石是岩石经机械破碎、筛分制成的，粒径大于 4.75 mm 的岩石颗粒。

卵石是由自然风化、水流搬运和分选、堆积而成的，粒径大于 4.75 mm 的岩石颗粒，按其产源不同可分为河卵石、海卵石、山卵石等。

如果粗骨料中针、片状颗粒过多，会使混凝土的和易性变差，强度降低，故粗骨料的针、片状颗粒含量应控制在一定范围内。

根据密度的不同，可将骨料分为普通骨料、轻骨料和重骨料三种类型。

（1）普通骨料：密度为 $2\,500\sim2\,700\ kg/m^3$，如建筑行业使用的砂石颗粒。

（2）轻骨料：密度为 $0\sim1\,000\ kg/m^3$，如陶粒、煅烧页岩、膨胀蛭石、膨胀珍珠岩、泡沫塑料颗粒。

（3）重骨料：密度为 $3\,500\sim4\,000\ kg/m^3$，如铁矿石、重晶石等。

1.2.2　砂石骨料的发展阶段

中国砂石骨料产业是伴随着土木建设的发展而发展的，1949 年至今大致可以划分为三个阶段（胡幼奕，2016；韩继先 等，2013）。

（1）起步阶段（1949～1977 年）。中华人民共和国成立后，国家把重心放在了国防建设和民生问题上，其他各方面的发展明显滞后。因这一时期的土建工程量比较小，天然骨料供应充足，以人工开采为主，设备简单，所以土建与砂石骨料产业发展得较为迟缓。

（2）发展阶段（1978～2010 年）。1978 年中国共产党中央委员会第三次全体会议（三中全会）的成功召开标志着中国开始走向改革开放的历史性道路。市场机制的引进促进了中国各行各业的快速发展，建筑行业更是发展迅速，因此对建筑骨料的需求量开始猛增，带动了整个骨料行业的高速发展。此时市场需求量巨大，砂石骨料标准规范不健全、要求不严格，且在开采的过程中几乎没有限制，所以基本上还是可以满足砂石骨料的市场需求，这个时期的砂石骨料仍然是天然骨料。后期随着机械化的发展，开始出现利用人工骨料（机制砂）和副产品骨料的现象，但产业仍为粗放式发展。

（3）转型阶段（2011 年至今）。从"十二五"开始，国家坚持把经济结构战略性调整作为加快转变经济发展方式的主攻方向，坚持把建设资源节约型、环境友好型社会作为加快转变经济发展方式的重要着力点。传统粗放型的以破坏环境为代价的砂石骨料开采受到了来自各方面的限制，此时的市场对砂石骨料的品种、质量、性能等有了一套严格的标准。面对不断增加的骨料市场需求和天然骨料限制开采的矛盾，骨料行业开始了悄然的转型，人工骨料（机制砂）开始占据主导地位，天然骨料处于辅助地位。

砂石骨料发展阶段及其特征见表 1.1。

表 1.1　砂石骨料发展阶段及其特征

阶段	时间	特征
起步阶段	1949～1977 年	需求量少，供应充足，天然骨料储量充足，发展缓慢，以天然骨料为主
发展阶段	1978～2010 年	需求量大，供应充足，天然骨料储量不足，发展快速，以天然骨料为主，出现人工骨料和副产品骨料
转型阶段	2011 年至今	需求量大，供应吃紧，天然骨料储量殆尽，需求持续增长，以人工骨料为主

砂石骨料是基础建设的重要原材料之一，2013 年我国每年砂石产量大约在 100 亿 t（韩继先，2014），按平均价格 30 元/t 计算，直接产值计 3 000 亿元，带动运输等行业产值至少 2 000 亿元，合计达 5 000 亿元。砂石骨料是消耗固体资源量最大的产品，且呈逐年上升趋势。美国弗里多尼亚集团 2005～2015 年市场调查研究报告显示，全球建筑市场的砂石骨料需求量每年以 5.2%增长。2010～2015 年砂石骨料需求量增长速度略低于 2005～2010 年，这反映出骨料使用密集的工程建设速度放缓，不过仍然保持稳定增长（韩继先 等，2013）。

根据研究者（奚剑明，2017；胡幼奕，2016；韩继先 等，2013）对砂石骨料的行业分析，随着大规模的重点工程项目建设，亚洲、太平洋地区特别是中国和印度的砂石骨料需求量最大，预计未来 10～20 年中国的砂石骨料需求量将保持高速增长趋势，可能占全球需求量的一半。中国正大力实施京津冀协同发展、长江经济带发展等重大发展战略，持续推进道路、桥梁等基础设施及新型城镇化、区域一体化和重点项目建设，这些都是维持砂石骨料市场需求的重要支撑。据不完全统计，每平方米建筑需 1.2 t 砂石骨料，每千米高速公路需 5.4～6 万 t 砂石骨料，每千米国省公路和农村公路需 1000 t 砂石骨料，每千米高铁建设需 5.6～8.64 万 t 砂石骨料，这表明砂石骨料未来的市场需求巨大。

1.2.3 砂石骨料行业未来发展格局预测

（1）天然骨料资源日趋紧张，机制砂需求量增加。经过几十年的粗放型开采，天然骨料资源在迅速减少，有的地区天然骨料已近枯竭。为了保护江堤河坝、维持生态平衡，有些河流已严禁开采或限量开采天然骨料。而机制砂在这方面基本没有限制，其原料来源较丰富，如矿山、工业废渣、拆毁的建筑材料等。对近 10 年的统计数据分析，我国对砂石骨料的需求量一直处于上升发展阶段，在一定时间内还将有很大幅度的增加。2018 年国家统计局指出机制砂被列入我国战略新兴产业的重点产品服务。因此，在市场持续增长、天然骨料供应告急的情况下，机制砂市场份额预计将不断扩大（胡幼奕 等，2019；胡幼奕，2016；韩继先 等，2014，2013）。

（2）优势企业主导态势明显，融合发展模式持续优化。传统砂石骨料企业一般以中小规模为主，企业在发展的过程中缺乏科学的管理方法和较为先进的生产技术，其资本力量相对薄弱。而那些具备管理、技术、资本优势的少数业内企业和新进入的企业将会持续壮大并实现规模化生产，占据砂石骨料行业的重要位置，成为行业的主导者。因此，砂石骨料企业应充分发挥自身在资源、矿权、市场、经验、人脉等方面的优势，通过战略合作、合资公司、共同开发、设备租赁等方式主动融合到矿山开发的产业链中，借助大型企业在业务拓展、市场开拓、经营管理等方面的优势，完成自身转型升级，提高砂石骨料开发规模化、集约化、现代化水平（胡幼奕 等，2019；王洁军 等，2018；王花，2016；韩继先 等，2013）。

（3）市场将进一步细化，品类差异化竞争战略出现。随着市场的不断发展，对高端优质的砂石骨料需求将会增加，以往砂石骨料之间差异性较小的观念将被打破。不同砂石骨料之间的可替代性将进一步减弱，砂石骨料市场将从先前的一支市场逐步细化为不同类别的分支市场，先前的行业内竞争将演化为品类差异化竞争。政府将根据不同种类矿产资源的市场需求进行差别化调控管理，并制定相关管理政策与利用模式（刘文颖 等，2018；史雪莹 等，2017；韩继先 等，2013）。

（4）行业标准将进一步提高，政府监管政策基本成型。一直以来，砂石骨料生产行业进入门槛都比较低，生产标准缺乏规范，政府多部门重叠式的监管形同虚设，致使该行业在发展的过程中出现了许多问题，如破坏性开采、污染性开采、盗取式开采、以次充好等。这些问题越来越受到政府部门和行业内外的高度重视，行业的标准将进一步提高，以确保满足各类工程建设对砂石质量的要求，为砂石行业转型升级提供技术支撑与保障。在环保督察深入推进的大背景下，政府监督管理也将进一步加强和落实到位，各地各级管理部门应当更加注重发挥行政监管在规范砂石资源开发、防范生态环境破坏、维护市场秩序等方面的重要作用（王洁军 等，2018；刘文颖 等，2018；史雪莹 等，2017；韩继先 等，2013）。

（5）采矿权设置偏向大中型矿山，绿色矿山建设上升为国家要求。实现资源集约化、规模化发展一直是我国矿产资源开发利用的发展方向。全国各省市借助第三轮矿产资源规划编制这个契机，在扩大单矿开发规模的同时压缩采矿权，矿权设置将偏向大中型矿山，以推动砂石类矿产资源整合。《关于加快建设绿色矿山的实施意见》明确指出，非金属矿等 7 个行业的新建矿山要全部达到绿色矿山建设要求，生产矿山要加快改造升级，逐步达到要求。当前，绿色转型已经成为矿业发展的风向标，砂石类矿山作为开采量最大、分布区域最广、环境问题突出的矿产资源，其绿色矿山建设情况直接反映全采矿行业"绿色发展"的整体推进情况。未来，绿色发展将成为砂石类矿山开发的新主题（胡幼奕 等，2019；王洁军 等，2018）。

第 2 章　我国砂石类矿产资源开采

我国砂石类矿产资源丰富，种类齐全，分布区域广泛，矿山数量众多。随着我国经济的快速发展和人民生活水平的不断提高，对砂石类矿产资源的需求大幅度增加（胡幼奕 等，2019；王洁军 等，2018；张华 等，2018；史雪莹 等，2017）。

2.1　砂石类矿产资源开采现状

根据历年《中国国土资源统计年鉴》，2004～2015 年我国砂石类矿产的年产量如图 2.1 所示，整体呈先升高后降低的趋势。2011～2015 年我国砂石类矿产年产量持续高达 20 多亿 t，约占年矿石总产量的 30%，随着我国基础设施建设和房地产开发的高速增长，砂石类矿产产量将持续增长（史雪莹 等，2017）。

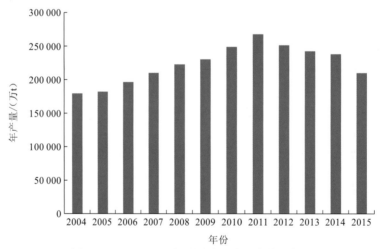

图 2.1　2004～2015 年我国砂石类矿产资源产量

截至 2016 年底，全国共有普通建筑用砂石类持证矿山 33 201 座，从业人员 48.52 万人，矿石产量 16.06 亿 t，完成工业总产值 432.15 亿元，实现企业利润 49.62 亿元，上缴中央和地方税金 28.85 亿元，当年实缴矿业权使用费和矿产资源补偿费分别为 3 868.74 万元和 30 098.44 万元（吴琪 等，2018）。

统计显示，2007～2016 年持有采矿许可证的矿山企业年采普通建筑用砂石类矿石量从 2007 年的 17.56 亿 t 缓慢增长到 2011 年的 22.11 亿 t，而后逐年下降，2016 年为 16.06 亿 t，工业总产值也由 2007 年的 425.15 亿元升至 2012 年的 744.17 亿元，而后回落到 2016 年的 432.15 亿元。这表明我国基础建设强度在"十一五"末、"十二五"初期达到顶峰。

从历年矿山企业规模来看，大中型矿山企业占比稳定在 4.30%～7.18%，多数矿山企业规模小，存在大矿小开、整矿零开的情况，容易造成资源的浪费。经过持续整合，2007～2016 年砂石类矿山数量从 60451 座持续减少至 33201 座，减少了 45.08%；矿山企业的从业人数由 2007 年的 149.48 万人逐年降至 2016 年的 48.52 万人，减少了 67.54%；而人均矿石产量则从 1174.37 t/人不断攀升至 3310.46 t/人，增长了 1.8 倍，生产效率明显提高。

2.2　砂石类矿产资源开采技术

2.2.1　穿孔工作

穿孔工作是露天矿山开采的首要工序，在整个露天开采过程中，穿孔费用占生产总费用的 10%～15%。

1. 穿孔钻机分类

（1）潜孔钻机。潜孔钻机钻孔角度变化范围大，机械化程度高，减少了辅助作业时间，提高了钻机的作业率，而且潜孔钻机机动灵活，设备重量轻，投资费用低，特别是它可以通过钻凿各种斜孔来控制矿石品位，来消除根底、减少大块，提高爆破质量。因此，潜孔钻机在国内外中小型矿山被广泛使用，适用于中硬矿岩穿孔。

（2）牙轮钻机。牙轮钻机是在旋转钻机的基础上发展起来的一种近代新型钻孔设备，它具有穿孔效率高，作业成本低，机械化、自动化程度高等特点，适用于各种硬度的矿岩穿孔作业。目前，牙轮钻机已成为世界各国露天矿普遍使用的穿孔设备。

（3）凿岩台车。凿岩台车是一种新型凿岩作业设备，它将一台或几台凿岩机连同自动推进器一起安装在特制的钻臂或台架上，并且具备行走机构，使凿岩机作业实现机械化。

2. 穿孔作业安全检查

（1）钻机在较大的坡度（大于 15°）上行走时必须放下钻架，采取防倾覆措施；在输电线下通过时必须放下主架。

（2）钻机与下部台阶接近坡底线的电铲不得同时作业。

（3）操作人员在主架上处理故障或进行正常维护时，必须佩戴安全带。

3. 穿孔作业的安全处置

（1）钻机稳车时，必须与台阶坡顶线保持足够的安全距离。钻机作业时，平台上不得有人，非操作人员不得在其周围停留。钻机长时间停机，必须切断电源。

（2）钻机靠近台阶边缘行走时，应检查行走路线是否安全；台车外侧突出部分至台阶坡顶线的最小距离为 2 m，外侧突出部分至台阶坡顶线的最小距离为 3 m。

（3）钻机移动时，机下应有人引导和监护。行走时，司机应先鸣笛，履带前后不得有人；不得 90° 急转弯或在松软地面行走；通过高、低压线路时，应保持足够的安全距离。钻机不得长时间在斜坡道上停留；没有充分的照明，夜间不得远距离行走。

（4）移动电缆和停、切、送电源时，应严格穿戴好高压绝缘手套和绝缘鞋，使用符合安全要求的电缆钩。钻机发生接地故障时，应立即停机，同时任何人不得上、下钻机。

2.2.2　爆破工作

随着环保严查，申请矿山开采的难度加大，尤其是炸药申请流程复杂，而且采用炸药露天爆破过程中，不仅会产生大量粉尘，污染环境，还会飞石，对操作人员的生命安全造成威胁。砂石矿新型爆破方法逐步应用于矿山爆破以替代炸药爆破。

爆破工作的目的是破碎坚硬的实体矿岩，为采装工作提供块度适宜的挖掘物。在露天开采的总费用中，爆破费用占 15%～20%。爆破质量的好坏，不仅直接影响采装、运输、粗碎等设备效率，而且影响矿山开采的总成本。

1. 爆破分类

（1）浅孔爆破。浅孔爆破采用的炮孔直径较小，一般为 30～75 mm，炮孔深度一般在 5 m 以下，有时可达 8 m，如用凿岩台车钻孔，孔深还可增加。浅孔爆破主要用于规模不大的露天砂石矿或采石场、硐室和隧道掘凿、二次爆碎、新建露天矿山包处理、山坡露天单壁沟运输通路的形成及其他一些特殊爆破。

（2）深孔爆破。深孔爆破就是用较深的钻孔作为矿用炸药的装药空间的爆破方法。露天矿的深孔爆破以台阶的生产爆破为主。深孔爆破的钻孔设备主要应用潜孔钻和牙轮钻，可钻垂直深孔，也可钻倾斜炮孔。倾斜炮孔的装药较均匀，矿岩的爆破质量较好，为采装工作创造了有利条件。为减少地震效应和提高爆破质量，在一定条件下可采取大区微差爆破，以便降低爆破成本，取得较好的经济效益。

（3）硐室爆破。硐室爆破是将比较多或大量的炸药装在爆破硐室巷道内进行爆破的方法。露天矿仅在基本建设时期和在特定条件下使用此方法，采石场在有条件且在采矿需求量很大时使用此方法。

（4）多排孔微差爆破。近年来，随着挖掘机斗容量不断增大和露天矿生产能力的急剧增加，露天矿的正常采掘爆破要求每次的爆破量也越来越多，为此，国内外的露天开采中广泛使用多排孔微差爆破、多排孔微差挤压爆破等大规模的爆破方法。多排孔微差爆破的优点：①一次爆破量大，减少爆破次数和避炮时间，提高采场设备的利用率；②改善矿岩破碎质量，其大块率比单排孔爆破少 40%～50%；③提高穿孔设备效率 10%～15%；④提高采装、运输设备效率 10%～15%。

（5）多排孔微差挤压爆破。多排孔微差挤压爆破是指工作面残留有爆堆情况下的多排孔微差爆破。渣堆的存在，为挤压创造了条件，一方面能延长爆破的有效作用时间，改善炸药破碎效果；另一方面能控制爆堆宽度，避免矿岩飞散。多排孔微差挤压爆破的微差间隔时间比普通微差爆破大 30%～50% 为宜，我国露天矿常用间隔时间为 50～100 ms。多排孔微差挤压爆破的优点：①矿岩破碎效果更好；②爆堆更集中，可提高采装、运输设备效率。多排孔微差挤压爆破的缺点：①炸药消耗量较大；②工作平台要求更宽；③爆堆高度较大，影响挖掘机作业的安全。

其他砂石矿新型爆破方法及其原理和优缺点见表 2.1。

表 2.1　其他砂石矿新型爆破方法

新型爆破方法	原理	优点	缺点
二氧化碳爆破法	二氧化碳气体在一定的高压下可转变为液态，通过高压泵将液态的二氧化碳压缩至圆柱体容器（爆破筒）内，装入安全膜、破裂片、导热棒和密封圈，拧紧合金帽即完成了爆破前的准备工作。将爆破筒和起爆器及电源线携带至爆破现场，将爆破筒插入钻孔中固定好，连接起爆器电源。当微电流通过导热棒时，会产生高温击穿安全膜，瞬间液态二氧化碳气化急剧膨胀产生高压冲击波，使泄压阀自动打开，利用液态二氧化碳吸热气化时体积急剧膨胀产生高压致使岩体开裂	1. 气体比炸药更安全，不属于民爆产品，运输、储存和使用不需要审批； 2. 爆破过程中无破坏性震动和短波，扬尘比例小，对周围环境影响不大； 3. 复杂的作业环境中均可使用； 4. 二氧化碳气体易采购，部分装置可重复使用； 5. 多个爆破筒可同时并联，爆破威力大，爆破后岩石个体大	1. 爆破效率低，步骤烦琐，每天爆炸次数少，出问题的概率大，如灌装、接线、封孔等环节； 2. 利用临空面才有效果，深基坑或凌空不好的作业面不适合； 3. 无法实现多排爆破，单次爆破的爆破筒数量不宜超过两排，超过一排就容易卡住或炸坏爆破筒； 4. 成本高，使用的活化器是专用的一次性用品，如果矿石产量不高会造成爆破成本高； 5. 爆破筒装填工艺和现场施工均较复杂，对炮孔质量要求较高； 6. 爆破震动虽不大，但声音比较大，若在周边有居民楼及建筑物，应尽量先征求当地安监及环保部门允许
膨胀剂爆破法	膨胀剂进行爆破的机理与炸药不同，它主要是靠膨胀剂在被破碎体内发生缓慢的化学反应和物理变化而使晶粒变形、温度升高、体积膨胀，以致逐渐增大孔壁的静膨胀压力，使介质产生龟裂而解体。其适用范围如下。 1. 在不允许和不适宜使用炸药爆破和机械破碎施工的条件下，需要拆除的混凝土工程、松动岩石工程； 2. 城市建筑、大型设备混凝土基础拆除，水利、路桥、隧道等工程需要静态爆破法破碎施工的工程，保留部分的岩石和混凝土完整性和结构强度要求不能受到任何损害的破碎拆除； 3. 普通岩石的破碎和松动，大尺寸竖井、抗滑桩，孔桩的开挖，沟槽沉井的开凿； 4. 贵重岩石荒料开采及石料切割； 5. 欠挖处理及开挖和支护要求同时进行的边坡处理工程	1. 膨胀力大，最大可达到 122 MPa； 2. 反应时间短，最大膨胀力出现最短时间可在 2 h 内，反应时间还可在 2～10 h 调节； 3. 控形容易，切割方便，可以很容易控制被破碎体破碎完成后的形状，需破则破，需留则留； 4. 施工简单，易操作，不需要雷管炸药，不需放炮，不需专业工种，操作人员培训时间很短； 5. 环保，使用中无声、无震、无飞石、无毒气、无冲击波	膨胀剂施工周期较长，施工产量低，场地临空面要求高，受雨水和温度影响大，有喷浆和碱性危害等

续表

新型爆破方法	原理	优点	缺点
液压劈裂机爆破法	液压劈裂机由泵站和分裂器两大部分组成，工作时由泵站输出的高压油驱动油缸，产生巨大推力，驱动楔块组中的中间楔块向前伸出，将反向楔块向两边撑开，使被分裂物体分裂	1. 安全性：液压劈裂机利用液压油不可压缩及可流动性的物理特性，加以静态推力，实现静态可控性的工作，因此无须采取复杂的安全措施，不会像爆破和其他冲击性拆除、凿岩设备那样，产生一些危险隐患； 2. 环保性：液压劈裂机工作时，不会产生振动、冲击、噪声、粉尘飞屑等，周围环境不会受到影响，即使在人口稠密地区或室内、城市建设区域及精密设备旁，都可以无干扰地进行工作； 3. 经济性：液压劈裂机分裂力大（最大分裂力可达 600T），因此一次工作时间只需要几秒钟，并且可以连续无间断地工作，效率高；其运行及维护保养成本很低；无须像爆破作业那样采取隔离或其他耗时和昂贵的安全措施； 4. 使用灵活：液压劈裂机的人性化使用设计，具有体积小、重量轻、结构紧凑等特点，确保了其使用方法简单易学，仅需单人操作；在室内或狭窄的场地都可以十分方便地进行拆除分裂；同时还可以在水下作业；其维护保养便捷，使用寿命长； 5. 精确性：与大多数传统的拆除方法和设备不同，液压劈裂机可以预先精确地确定分裂方向，可以按所需分裂形状及需要取出部分的尺寸做到精确拆除分裂	遇到硬度较大的岩石时，可能会出现压力不足的情况

2. 爆破作业隐患排查与处置

1）爆破作业前的准备

准备好装药的工具及器具，了解天气情况，做好爆破前相关方面的联系工作，做好警戒工作和炮孔的验收（炮孔是否达到设计要求，有无偏斜；有无堵孔、卡孔现象，硐室有无坍塌的危险；炮孔内是否有水）。经检查后，如发现炮孔内存在问题，必须处理完毕后，方可装药起爆。

2）爆破作业的安全管理及检查

各级领导要把爆破作业列入安全生产的重要议事日程，加强监管，并有专人负责，爆破作业要有专人指挥。建立健全爆破作业的各项安全管理制度，并严格执行。认真组织爆破员的培训，提高他们的综合素质，并要求他们持证上岗。加强爆破材料的管理，严格执行发放制度。每次爆破后，爆破员必须及时将剩余爆破器材退库。爆破作业必须按审批的爆破设计书或爆破说明书进行。必须建立爆破信号系统，做好警戒工作。按时间顺序先发出预警信号，开始清场；清场完毕后，确认人员、设备等撤离爆破警戒区，警戒时必须留有充分的安全距离，所有警戒人员到位，具备安全起爆条件时发出起爆信号，准许起爆人员起爆；安全等待时间（一般不得小于 5 min，特殊情况由设计确定）过后，检查人员进入爆破警戒范围内检查，确认安全后，发出爆破警戒解除信号。

爆破作业地点有下列情形之一时，禁止进行爆破作业：①未严格按《爆破安全规程》

（GB 6722—2014）要求做好准备工作；②有边坡滑落危险；③爆破参数或施工质量不符合设计要求；④危及设备或建筑物安全，无有效防护措施；⑤危险区边界上未设警戒；⑥作业地点涌水危险或炮眼温度异常。

禁止进行爆破器材加工和爆破作业的人员穿化纤衣服。爆破后，必须对现场进行检查并填写爆破记录。

3）盲炮处理

在爆破工作中，由于各种原因造成起爆药包（雷管或导爆索）瞎火拒爆或炸药未爆的现象叫作盲炮，包括残爆和拒爆。处理盲炮必须遵守以下规定：①处理盲炮前应由爆破领导人定出警戒范围，并在该区域边界设置警戒，处理盲炮时无关人员不准进入警戒区；②电力起爆发生盲炮时，应立即切断电源，及时将盲炮电路短路；③不应拉出或掏出炮孔和药壶中的起爆药包；④盲炮处理后，应仔细检查爆堆，将残余的爆破器材收集起来销毁，在不能确认爆堆无残留的爆破器材之前，应采取预防措施；⑤盲炮处理后应由处理者填写登记卡片或提交报告，说明产生盲炮的原因、处理的方法和结果、预防措施。

3. 采装与运输

采装作业是使用装载机械将矿岩直接从地下或爆堆中挖掘出来，并装入运输机械的车厢内或直接卸到指定的地点。它是露天开采过程的中心环节，其他生产工艺如穿爆、运输等都是为采装而服务的。

主要采装设备：挖掘机、索斗铲、液压铲和轮胎式前装机。

在露天矿开采过程中，矿山运输的基本建设投资约占矿山基建总投资额的60%，运输成本和劳动量分别占矿石总成本和总劳动量的一半以上，由此可见运输在露天矿开采中的重要性。

露天矿运输方式：汽车运输、铁路运输、胶带运输、斜坡箕斗提升运输及联合运输方式，其中自卸汽车运输最普遍。

采装与运输密不可分，两者相互影响、相互制约。目前采装运输工艺的发展趋势主要体现在采运设备的大型化，采装与运输环节的一体化与连续化，以及计算机自动化。

4. 运输作业隐患排查与处置

露天矿运输是露天开采主要工序之一，包括公路运输、铁路运输、带式输送机运输、溜槽平硐溜井运输、斜坡卷扬运输等，重点是公路运输。

1）公路运输的安全检查

为了确保公路运输的安全，应做到下列7点。

（1）自卸汽车严禁运载易燃、易爆物品；驾驶室外平台、脚踏板及车斗不准载人。禁止在运行中升降车斗。

（2）双车道的路面宽度，应保证会车安全。弯道处的会车视距若不能满足要求，则应分设车道。急弯、陡坡、危险地段应有警示标志。山坡填方的弯道、坡度较大的填方地段及高堤路基路段，外侧应设置护栏、挡车墙等。对主要运输道路及联络道的长大坡道，应根据运行安全需要，设置汽车避让道。

（3）正常作业条件下，同类车不应超车，前后车距离应保持适当。生产干线、坡道上不应无故停车。

（4）雾天或烟尘弥漫影响能见度时，应开亮车前黄灯与标志灯，并靠右侧减速行驶，前后车间距应不小于 30 m。视距不足 20 m 时，应靠右暂停行驶，并不应熄灭车前、车后的警示灯。冰雪或多雨季节道路较滑时，应有防滑措施并减速行驶，前后车间距应不小于 40 m；拖挂其他车辆时，应采取有效的安全措施，并有专人指挥。

（5）自卸汽车进入工作面装车，应停在挖掘机尾部回转范围 0.5 m 以外，防止挖掘机回转撞坏车辆。装车时，不应检查、维护车辆。

（6）卸矿平台应有足够的调车宽度。卸矿地点应设置牢固可靠的挡车设施，并设专人指挥。夜间装卸车地点，应有良好照明。

（7）下坡行驶不应空挡滑行。在坡道上停车时，司机不应离开；应使用停车制动，并采取安全措施。

2）带式输送机运输的安全检查

（1）带式输送机两侧应设人行道，经常行人侧的人行道宽度应不小于 1.0 m；另一侧应不小于 0.6 m。

（2）带式输送机的运行，应遵守：任何人员均不应乘坐非乘人带式输送机；不应运送规定物料以外的其他物料及设备和过长的材料；应及时停车清除输送带、传动轮和改向轮上的杂物，不应在运行的输送带下清矿；必须跨越输送机的地点，应设置有栏杆的跨线桥；机头、减速器及其他旋转部分，应设防护罩；输送机运转时，不应注油、检查和修理。

（3）各装、卸料点，应设有与输送机联锁的空仓、满仓等保护装置，并设有声光信号。

（4）带式输送机应设有防止胶带跑偏、撕裂、断带的装置，并有可靠的制动、胶带和卷筒清扫，以及过速保护、过载保护、防大块冲击等装置；线路上应有信号、电气联锁和紧急停车装置。

（5）更换挡板、刮泥板、托辊时应停车，切断电源，并有专人监护。

2.2.3 排岩

排岩是运输终端的作业，将剥离下的表土和废石运输到废石场进行排弃。

排岩方式：铁路运输排岩、公路运输排岩、胶带运输排岩。

采剥作业安全要求：①安全平台宽度不宜过窄，一般留有 15～25 m 为宜。②设置接滚石平台。当采用陡帮扩帮作业时，一般每隔 60～90 m 高度应布置一个接滚石平台，其宽度为 20～25 m，以防止扩帮滚石威胁下部正常采剥作业。③分区扩帮。扩帮剥离与正常剥离应分区作业，如在同一区段应交错作业，根据扩帮高差大小不同，水平错开距离一般应大于 200m。④定向爆破。扩帮采用定向爆破，使爆破方向不转向采空区一侧，以防止扩帮爆破滚石威胁下部正常采剥作业安全。严禁两个相邻的组合台阶同时进行爆破。⑤保证运输作业安全。陡帮采剥阶段，如上部扩帮作业，不允许有运输设备等通过。

2.3　砂石类矿产资源开采中的问题

（1）砂石矿资源总量大，分布不均匀，开发利用水平低。我国砂石矿资源总量丰富，砂石矿山企业众多。截至 2015 年底，我国砂石类矿产年产量达到 209 928 万 t，砂石矿山企业总数约 4.5 万个，约占全国矿山企业总数的 52.6%，其中小型矿占砂石类矿山企业总数的 91.4%（史雪莹 等，2017）。砂石矿保有资源储量达到 100 亿 t 以上的有云南、陕西、湖南、内蒙古、安徽、贵州、广东（程晓娜 等，2015）。砂石资源的开发利用与经济社会发展水平、发展阶段直接相关。浙江、广东、安徽、江苏等地砂石平均生产规模均在 54 万 t/年以上（孙婧 等，2014）。总体来说，我国各省砂石矿资源分布和开发利用差异明显，呈现东中部地区砂石矿山总数较少，但生产规模较大，砂石资源生产消费远超西部，这主要与我国人口分布特征及砂石服务半径小的经济特征有关（吴琪 等，2018；王花，2016；孙婧 等，2014）。

（2）砂石市场需求旺盛，砂石消耗量和供应量不一致。砂石矿是新型工业化、城镇化建设最基础的原材料资源，砂石资源的开发利用关系国家基础设施建设，对于保障社会经济可持续发展具有不可替代的作用（关军洪 等，2017；孙婧 等，2014）。特别是近 10 年，建筑业房屋建筑面积及城市和农村居民人均住宅建筑面积整体都呈上升趋势（史雪莹 等，2017）。截至 2015 年我国人均水泥消费量达到 1 716kg，一般水泥和砂石的使用量比例（质量比）为 1∶6，可以计算出砂石人均消费量为 10 296kg（史雪莹 等，2017）。以京津冀地区为例，据不完全统计，"十三五"期间京津冀地区砂石用量为 6.96 亿 t。但是，截至 2017 年 6 月底，京津冀砂石矿山设计规模不足 2 亿 t，供需缺口高达 5 亿 t 左右。可以看出，目前各地实际生产规模总量普遍低于砂石消耗总量，砂石市场仍然呈现较明显的供不应求趋势，部分地区砂石价格将保持在高位，甚至一些地区砂石价格会出现较大波动。砂石价格升高将进一步引发私挖盗采现象，特别是河砂盗采现象，加剧破坏生态环境，不利于资源保护和管理。亟须建立规范、稳定的砂石采集、供销模式以缓解供需矛盾（王洁军 等，2018；史雪莹 等，2017；程晓娜 等，2015；孙婧 等，2014）。

（3）砂石矿开发热度大，非法开采对生态环境的破坏大。随着我国城镇化建设步伐的加快，对砂石矿的需求日益增多，砂石矿开发也越来越热，砂石矿大矿小开、整矿零开的情况普遍存在。在国家层面上，前后出台与砂石矿管理密切相关的法律法规、意见、办法、通知等政府政策文件 20 份，各省市开展了一系列矿产资源开发秩序整顿和整合专项行动，砂石矿"多、小、散、乱"的现状得到了一定程度的改善（王洁军 等，2018；程晓娜 等，2015）。但是由于经济利益的驱动，不少地区偷挖盗采、非法开采砂石矿资源时有发生。大多数矿山企业没有制订长远的发展规划，重资源开发轻资源保护，重经济效益轻环境保护，开采和治理脱节，造成矿山地质环境问题日益凸显。同时砂石矿露天矿山较多，一般开采面较大，开采范围的地表及植被均被破坏，矿区地形地貌、土地及景观破坏较大，且治理恢复难度较大（王洁军 等，2018；史雪莹 等，2017；程晓娜 等，2015；孙婧 等，2014；韩继先，2014；韩继先 等，2013）。

（4）砂石行业涉及部门多，权责混乱监督管理难度大。在关于砂石类矿产的探矿权和采矿权管理制度上，虽然砂石类矿产采矿权和探矿权的配置主要是由各地市和县级政府具体负责，按照矿产资源法规定，砂石资源管理的政策法规应由地方人大制定，其主要管理政策与其他矿种一致，都遵循国家统一制定的规章制度，但是由于各地经济发展水平及地理区位各异，砂石管理政策不统一，地域差异大（吴琪 等，2018；刘文颖 等，2018；孙婧 等，2014）。目前，勘查许可证和采矿许可证由自然资源部门管理，河道采砂许可证由水利部门管理。矿山环境管理职责分布在自然资源、生态环境、农业、林业、水利、财政、发改委等多部门，各部门都有资源环境管理的相关职能，难免有重复交叉、政出多门、职责不清的情况出现。这种管理现状的存在不仅不利于砂石行业的健康发展，还容易滋生各种腐败问题（王洁军 等，2018；韩继先，2014）。同时，砂石类矿产管理都是基于环境保护进行规制，很少从矿产特性和行业的角度进行政策管理（刘文颖 等，2018）。

第 3 章　砂石矿山生态环境管理现状

3.1　砂石矿山生态环境管理体制

矿山环境管理是指政府运用法律、经济、技术、行政、教育等手段，规范和约束矿业生产活动，最大限度地控制和减少矿产勘查、开采与选矿活动对周围环境要素产生的破坏和污染；保证矿业生产前后周围环境的整体性、连续性与协调性；促进矿产开发与环境保护的持续协调发展，达到既要为经济发展提供矿产资源保障，又要保持甚至优化矿山环境的目标。其基本出发点是按照"在保护中开发、在开发中保护"的基本方针，坚持"谁破坏谁治理、谁投资谁受益"的基本原则，保护环境和合理开发利用资源（袁国华 等，2003）。

据了解，目前世界上存在大致三种矿山环境管理模式，即矿产资源管理部门主导型、生态环境保护部门主导型、多部门分工协作型（袁国华 等，2003）。

矿产资源管理部门主导型：该类型是指矿业主管部门在矿山环境管理的主要环节发挥重要作用。应用这种类型的国家有印度尼西亚、美国等。在印度尼西亚，矿业项目的环境影响评价、环境管理与监测计划、监督检查与强制执行均由该国的矿山能源部负责管理。矿产资源开发及矿山环境恢复治理是技术性很强的工作。矿业主管部门熟悉和掌握有关矿业活动的专门知识，且拥有一支技术过硬的地质调查队伍，他们有着长期工作的丰富经验，为其管理矿山环境奠定了知识与技术基础，具有其他部门无可比拟的优势。

生态环境保护部门主导型：该类型是指环境管理部门在矿山环境管理的各个阶段发挥主要作用。加纳、菲律宾、印度、巴西、马来西亚等国大致属于此种类型。这些国家矿产资源相对不足，开发潜力不大。矿山环境管理中的环境影响评价、环境保护与管理计划、矿地恢复计划、监督与强制执行基本属于生态环境保护部门的职责。

多部门分工协作型：这种类型是指矿业主管部门、土地管理部门、环境管理部门及规划部门在矿山环境管理流程中实行分工管理。例如，在加拿大安大略省的矿山环境管理中，环境影响评价、排污许可、监测检查均由该省的环境保护主管部门负责，而矿地恢复则由矿业管理部门负责。在泰国矿山环境管理中，矿产资源局负责矿业项目环境影响评价报告预审，国家环境局负责审批并为经营者规定应遵守的详细的环境条件，此后这些环境条件将纳入采矿租约，由矿产资源局负责监督管理。澳大利亚昆士兰州工业部负责审批矿业项目的环境影响研究报告并管理矿地恢复工作与保证金，而水资源委员会及环境与遗产部负责颁发有关水许可证、尾矿存放许可证及排污许可证，并对许可证执行情况进行检查、批准延期，将违反的情况通知工业部。

矿山环境问题是由矿产资源开发引起的，包括大气、水、土壤、地质、环境等各个方面（邓锋，2017；袁国华 等，2003）。因此，所涉及的业务也决定了管理体制分散于相关部门中（邓锋，2017）。但从矿产资源开发过程及管理程序来说，将矿山环境管理的若干环节纳入矿业管理程序或使两者协调起来有助于提高整体的行政管理效率，实际上是由分散管理转向相对集中的管理。矿业主管部门在这种集中化管理中无疑将发挥主导作用。实际上，许多国家矿业主管部门与环境管理部门相比有较悠久的历史、健全的机构与较强的管理力量，因此传统上借助于矿业主管部门的力量解决部分或大部分矿业环境问题也是顺理成章的（袁国华 等，2003）。

3.2　砂石矿山生态环境法律法规

对于砂石矿产的管理，国家层面没有出台具体的砂石矿产资源管理法律法规，而是出台了一些针对矿产资源的管理政策，将砂石矿产涵盖其中（表 3.1）。例如，《中华人民共和国矿产资源法》（2009 年修正）第七条规定："国家对矿产资源的勘查、开发实行统一规划、合理布局、综合勘查、合理开采和综合利用的方针。"第十五条规定："设立矿山企业，必须符合国家规定的资质条件，并依照法律和国家有关规定，由审批机关对其矿区范围、矿山设计或者开采方案、生产技术条件、安全措施和环境保护措施等进行审查；审查合格的，方予批准。"《矿产资源开采登记管理办法》（2014 年修订）第九条规定："国家实行采矿权有偿取得的制度。采矿权使用费，按照矿区范围的面积逐年缴纳，标准为每平方公里每年 1 000 元。"国土资发〔2000〕309 号《矿业权出让转让管理暂行规定》第六条规定："矿业权人可以依照本规定，采取出售、作价出资、合作勘查或开采、上市等方式依法转让矿业权。转让双方应按规定到原登记发证机关办理矿业权变更登记手续。但是受让方为外商投资矿山企业的，应到具有外商投资矿山企业发证权的登记管理机关办理变更登记手续。矿业权人可以依照本规定出租、抵押矿业权。"

表 3.1　矿产资源管理相关的法律法规

文件名称	文号	发布时间
《中华人民共和国矿产资源法》（2009 年修正）	中华人民共和国主席令第 18 号	2009 年 8 月 27 日
《中华人民共和国矿产资源法实施细则》	中华人民共和国国务院令第 152 号	1994 年 3 月 26 日
《中华人民共和国环境保护法》（2014 年修订）	中华人民共和国主席令第 9 号	2014 年 4 月 24 日
《中华人民共和国矿山安全法》（2009 年修正）	中华人民共和国主席令第 18 号	2009 年 8 月 27 日
《矿产资源监督管理暂行办法》	国发〔1987〕42 号	1987 年 4 月 29 日
《土地复垦条例》	中华人民共和国国务院令第 592 号	2011 年 3 月 5 日
《土地复垦条例实施办法》（2019 年修正）	中华人民共和国自然资源部令第 5 号	2019 年 7 月 24 日

续表

文件名称	文号	发布时间
《矿产资源开采登记管理办法》（2014 年修订）	中华人民共和国国务院令第 653 号	2014 年 7 月 29 日
《中华人民共和国水土保持法》（2010 年修订）	中华人民共和国主席令第 39 号	2010 年 12 月 25 日
《中华人民共和国航道管理条例》（2008 年修订）	中华人民共和国国务院令第 545 号	2008 年 12 月 27 日
《中华人民共和国大气污染防治法》（2018 年修正）	中华人民共和国主席令第 16 号	2018 年 10 月 26 日
《中华人民共和国河道管理条例》（2018 年修正）	中华人民共和国国务院令第 698 号	2018 年 3 月 19 日
《河道采砂收费管理办法》	水财〔1990〕16 号	1990 年 6 月 20 日
《中华人民共和国水土保持法实施条例》（2011 年修订）	中华人民共和国国务院令第 588 号	2011 年 1 月 8 日
《中华人民共和国资源税法》	中华人民共和国主席令第 33 号	2019 年 8 月 26 日
《矿产资源补偿费征收管理规定》（1997 年修订）	中华人民共和国国务院令第 222 号	1997 年 7 月 3 日
《国务院办公厅转发水利部关于加强长江中下游河道采砂管理意见的通知》	国办发〔2000〕42 号	2000 年 6 月 8 日
《国土资源部关于加强河道采砂监督管理工作的通知》	国土资发〔2000〕322 号	2000 年 1 月 1 日
《长江河道采砂管理条例》	中华人民共和国国务院令第 320 号	2001 年 10 月 10 日
《长江河道采砂管理条例实施办法》（2016 年修正）	中华人民共和国水利部令第 48 号	2016 年 8 月 1 号
《国务院办公厅转发国土资源部等部门对矿产资源开发进行整合意见的通知》	国办发〔2006〕108 号	2006 年 12 月 31 日
《矿山地质环境保护规定》（2019 年修订）	中华人民共和国自然资源部令第 5 号	2019 年 7 月 24 日
《中华人民共和国循环经济促进法》（2018 年修正）	中华人民共和国主席令第 16 号	2018 年 10 月 26 日
《水利部　交通运输部关于进一步加强长江河道采砂管理工作的通知》	水建管〔2012〕426 号	2012 年 9 月 20 日
《国务院办公厅转发安全监管总局等部门关于依法做好金属非金属矿山整顿工作意见的通知》	国办发〔2012〕54 号	2012 年 11 月 4 日
《工业和信息化部　住房和城乡建设部关于印发〈促进绿色建材生产和应用行动方案〉的通知》	工信部联原〔2015〕309 号	2015 年 8 月 31 日
《国务院办公厅关于促进建材工业稳增长调结构增效益的指导意见》	国办发〔2016〕34 号	2016 年 5 月 18 日

续表

文件名称	文号	发布时间
《建筑垃圾资源化利用行业规范条件》（暂行）	工业和信息化部 住房城乡建设部〔2016〕71号	2017年1月9日
《建筑垃圾资源化利用行业规范条件公告管理暂行办法》	工业和信息化部 住房城乡建设部〔2016〕71号	2017年1月9日
《关于加强矿山地质环境恢复和综合治理的指导意见》	国土资发〔2016〕63号	2016年7月1日
《关于加快建设绿色矿山的实施意见》	国土资规〔2017〕4号	2017年3月22日
《关于印发〈长江保护修复攻坚战行动计划〉的通知》	环水体〔2018〕181号	2018年12月31日
《中共中央 国务院关于全面加强生态环境保护 坚决打好污染防治攻坚战的意见》	中发〔2018〕17号	2018年6月16日
《国务院关于印发打赢蓝天保卫战三年行动计划的通知》	国发〔2018〕22号	2018年6月27日
《关于统筹推进自然资源资产产权制度改革的指导意见》		2019年4月14日
《自然资源部办公厅关于开展长江经济带废弃露天矿山生态修复工作的通知》	—	2019年4月25日
《自然资源部办公厅 生态环境部办公厅关于加快推进露天矿山综合整治工作实施意见的函》	自然资办函〔2019〕819号	2019年5月29日
《中共中央办公厅 国务院办公厅印发〈关于建立以国家公园为主体的自然保护地体系的指导意见〉》	中办发〔2019〕42号	2019年6月26日
《自然资源部关于探索利用市场化方式推进矿山生态修复的意见》	自然资规〔2019〕6号	2019年12月17日

    近年来，为规范砂石矿的准入、出让、审批和监管管理，各地方政府根据自身特定的状况，制定了一系列法规、规章和规范性文件（刘文颖 等，2018；孙婧 等，2014；陈相花，2013）。浙江省相继出台了关于砂石矿开采准入、出让、部门协调、审批登记、价款使用和环境保护等方面的一系列文件，形成相对完善的制度体系。吉林、黑龙江、江苏、江西、广东、海南、重庆、陕西等省（直辖市）专门出台了加强砂石矿开采管理方面的法规或规范性文件。安徽、福建、湖北等省专门出台了砂石矿开采准入方面的规范性文件。例如，浙江省要求新建和改扩建砂石土矿山生产规模一般不低于 20 万 t/a（孙婧 等，2014；陈相花，2013b）；吉林省要求砖瓦黏土矿生产规模不低于 6 万 t/a，建筑用砂生产规模不低于 3 万 m^3/a；内蒙古自治区呼伦贝尔市要求建筑石料矿的生产规模不低于 2 万 m^3。规模化集约化要求的提高，为现代化大型砂石矿山的发展创造了良好的政策和市场环境（孙婧 等，2014）。

3.3　砂石矿矿产资源税费政策

矿产资源作为不可再生资源，是人类社会赖以生存和发展的物质保障，矿产资源的开发促进了我国社会经济高速发展。然而，长期大规模的无序开发对矿区生态环境产生了影响，对国民经济健康可持续发展产生了负面效应，因此，完善矿区生态补偿机制与资源有偿使用制度对矿区自然资源破坏及生态环境污染的治理具有重要意义，是保障矿区可持续发展的关键，是应对矿区环境受害者、修复者与受益者之间利益冲突的有效举措（李斯佳 等，2019；计金标，2007）。

从 20 世纪 80 年代开始，我国逐步探索建立了矿产资源有偿使用制度，并相继开征了一系列的专门税费（李斯佳 等，2019；施文泼 等，2011；计金标，2007；江峰，2007）。目前，砂石矿产资源开采企业除缴纳一般性普遍征收的企业所得税、增值税、城市建设维护税、教育费附加等税费外，还存在资源税、矿产资源补偿费、探矿权和采矿权价款、森林植被恢复费、水土保持补偿费、矿山环境治理恢复基金等与环境保护有关的税费（施文泼 等，2011）。

3.3.1　资源税

1. 概念

资源税是以各种应税自然资源为课税对象，为了调节资源级差收入并体现国有资源有偿使用而征收的一种税（景韬 等，2018）。资源税在理论上可区分为对绝对矿租课征的一般资源税和对级差矿租课征的级差资源税，体现在税收政策上就叫作"普遍征收，级差调节"，即所有开采者开采的所有应税资源都应缴纳资源税；同时，开采中、优等资源的纳税人还要相应多缴纳一部分资源税（刘岩岩，2016；郭焦锋 等，2014）。

级差资源税是国家对开发和利用自然资源的单位和个人，由于资源条件的差别所取得的级差收入课征的一种税。一般资源税就是国家对国有资源，如我国《宪法》规定的城市土地、矿藏、水流、森林、山岭、草原、荒地、滩涂等，根据国家的需要，对使用某种自然资源的单位和个人，为取得应税资源的使用权而征收的一种税（周波 等，2019；刘岩岩，2016；郭焦锋 等，2014）。

2. 产生背景

中国的资源税开征于 1984 年。1984 年 9 月 28 日，财政部发布的《资源税若干问题的规定》指出，从 1984 年 10 月 1 日起，对原油、天然气、煤炭等先行开征资源税，对金属矿产品和其他非金属矿产品暂缓征收（刘岩岩，2016；施文泼 等，2011；张亚明 等，2010；计金标，2007）。资源税主要是为了调节资源开采中的级差收入，促进资源合理开发利用而对资源产品开征的税种。《资源税若干问题的规定》是以实际销售收入为计税依据，按照矿山企业的利润率实行超率累进征收，其宗旨是调节开发自然资源的单位因资源结构和开发条件的差异而形成的级差收入。

1994 年，我国进行了较为全面的税制改革（计金标，2007）。《中华人民共和国资源税暂行条例》（1993 年）规定从 1994 年 1 月 1 日起，资源税开始实行从量定额征收的办法。对开采应税矿产品和生产盐的单位，开始实行"普遍征收、级差调节"的新资源税制，征收范围扩大到所有矿种的所有矿山，不管企业是否盈利普遍征收，同一矿种按地区规定征收不同税额（周波 等，2019；施文泼 等，2011；蒲志仲，2008）。

2011 年，国务院公布了《国务院关于修改〈中华人民共和国资源税暂行条例〉的决定》，财政部公布了《中华人民共和国资源税暂行条例实施细则》，并在全国范围内推广实施，此次资源税制改革是继 1994 年分税制改革之后的又一次大规模改革，在现有资源税从量定额计征基础上增加从价定率的计征办法（周波 等，2019；景韬 等，2018；郭焦锋 等，2014）。

2016 年 5 月 9 日，财政部、国家税务总局联合对外发文《关于全面推进资源税改革的通知》，并宣布从 2016 年 7 月 1 日起，扩大资源税征收范围，开展水资源税改革试点工作，逐步将其他自然资源纳入征收范围。对《资源税税目税率幅度表》中列举名称的 21 种资源品目和未列举名称的其他金属矿实行从价计征，计税依据由原矿销售量调整为原矿、精矿（或原矿加工品）、氯化钠初级产品或金锭的销售额。对经营分散、多为现金交易且难以控管的黏土、砂石，按照便利征管原则，仍实行从量定额计征。对《资源税税目税率幅度表》中未列举名称的其他非金属矿产品，按照从价计征为主、从量计征为辅的原则，由省级人民政府确定计征方式。这次资源税改革，既是"营改增"之后地方税体系重建的一次技术调整，又是事关中央地方财政关系和供给侧改革的战略举措（刘岩岩，2016）。2019 年 8 月 26 日，第十三届全国人民代表大会常务委员会第十二次会议通过《中华人民共和国资源税法》，自 2020 年 9 月 1 日起施行。1993 年 12 月 25 日国务院发布的《中华人民共和国资源税暂行条例》同时废止。

3. 法律法规依据

（1）《中华人民共和国矿产资源法》（2009 年修正），第五条规定："国家实行探矿权、采矿权有偿取得的制度；但是，国家对探矿权、采矿权有偿取得的费用，可以根据不同情况规定予以减缴、免缴。具体办法和实施步骤由国务院规定。开采矿产资源，必须按照国家有关规定缴纳资源税和资源补偿费。"

（2）《中华人民共和国矿产资源法实施细则》（中华人民共和国国务院令第 152 号），第三十一条规定采矿权人应当履行依法缴纳资源税和矿产资源补偿费的义务。

（3）《关于全面推进资源税改革的通知》（财税〔2016〕53 号）。

（4）《中华人民共和国资源税法》（2019 年 8 月 26 日第十三届全国人民代表大会常务委员会第十二次会议通过，2020 年 9 月 1 日施行）。第一条规定："在中华人民共和国领域和中华人民共和国管辖的其他海域开发应税资源的单位和个人，为资源税的纳税人，应当依照本法规定缴纳资源税。"

4. 征收范围和税率

现行资源税的征收范围包括矿产品和盐，具体有原油、天然气、煤炭、其他非金属矿原矿、黑色金属矿原矿、有色金属矿原矿、盐这 7 类，其中砂石矿属于其他非金属矿原矿，是指除原油、天然气、煤炭和井矿盐以外的非金属矿原矿。

现行资源税计税依据是指纳税人应税产品的销售数量和自用数量。具体是这样规定的：纳税人开采或者生产应税产品销售的，以销售数量为课税数量；纳税人开采或者生产应税产品自用的，以自用数量为课税数量。其中非金属矿产品原矿，因无法准确掌握纳税人移送使用原矿数量的，可将其精矿按选矿比折算成原矿数量作为课税数量。选矿比的计算公式：选矿比=精矿数量÷耗用的原矿数量。

砂石资源税税率幅度的调整由各省级人民政府在规定的税率幅度内提出具体的适用税率建议，报财政部、国家税务总局确定核准，征收标准按照《资源税税目税率幅度表》《几个主要品种的矿山资源等级表》实行从量定额对原矿计征，每吨或每立方米 0.1～5 元。

5. 资源税的特点

1）征税范围较窄

自然资源是生产资料或生活资料的天然来源，它包括的范围很广，如矿产资源、土地资源、水资源、动植物资源等。目前我国的资源税征税范围较窄，仅选择了部分级差收入差异较大，资源较为普遍，易于征收管理的矿产品和盐列为征税范围。随着我国经济的快速发展，对自然资源的合理利用和有效保护将越来越重要，因此，资源税的征税范围应逐步扩大。中国资源税目前的征税范围包括矿产品和盐两大类。

2）实行差别税额从量征收

我国现行资源税实行从量定额征收，一方面税收收入不受产品价格、成本和利润变化的影响，能够稳定财政收入；另一方面有利于促进资源开采企业降低成本，提高经济效益。同时，资源税按照"资源条件好、收入多的多征；资源条件差、收入少的少征"的原则，根据矿产资源等级分别确定不同的税额，以有效地调节资源级差收入。

3）实行源泉课征

不论采掘或生产单位是否属于独立核算，资源税均规定在采掘或生产地源泉控制征收，这样既照顾了采掘地的利益，又避免了税款的流失。这与其他税种由独立核算的单位统一缴纳不同。

6. 资源税的作用

（1）调节资源级差收入，有利于企业在同一水平上竞争。

（2）加强资源管理，有利于促进企业合理开发、利用。

（3）与其他税种配合，有利于发挥税收杠杆的整体功能。

（4）资源税为以国家矿产资源的开采和利用为对象所课征的税。开征资源税，旨在使自然资源条件优越的级差收入归国家所有，排除因资源优劣造成企业利润分配上的不合理状况。

矿产资源税是国家凭借政治权利向矿山企业强制征收的税种，其主要目的是调节矿产资源开发中的级差收入，促进矿产资源的合理开发利用。矿产资源税在 1994 年税制改革后，被划为地方税种，纳入整个地方的财政收入。在使用方向上，难以保障用于有关法律文件所要求的方向，在实际中很难达到调节级差收入和修复生态环境的作用，特别是在地方财政收入紧张的情况下，就更难以保证这部分财政收入用于生态保护与修复。砂石资源税征收关乎砂石开采成本，对不同的砂石骨料原材料征收不同价格的资源税有利于引导砂石产业的发展，促进绿色砂石建材开发使用。

3.3.2　矿产资源补偿费

1. 概念

矿产资源补偿费是指国家作为矿产资源所有者，依法向开采矿产资源的单位和个人收取的费用，对应于国外税费体系中的权利金。其目的是维护国家对矿产资源的财产权益，并促进矿产资源的勘查、合理开发和保护。矿产资源补偿费属于政府非税收入，全额纳入财政预算管理，用于矿产资源勘查，体现国家对矿产资源的财产权益（景韬 等，2018）。

2. 法律法规依据

（1）《中华人民共和国矿产资源法》（2009 年修正），第五条规定：“开采矿产资源，必须按照国家有关规定缴纳资源税和资源补偿费”。

（2）《中华人民共和国矿产资源法实施细则》，第三十一条规定采矿权人应当履行依法缴纳资源税和矿产资源补偿费等义务。

（3）《矿产资源补偿费征收管理规定》，第二条规定：“在中华人民共和国领域和其他管辖海域开采矿产资源，应当依照本规定缴纳矿产资源补偿费；法律、行政法规另有规定的，从其规定。”

3. 征收标准

矿产资源补偿费按照矿产品销售收入的一定比例计征。矿产资源补偿费的应征主体为采矿权人；计征对象为不同矿经过开采或采选后脱离自然赋存状态的矿产品（原油、原煤、原矿或精矿）；费基则是矿产品销售收入。销售收入的计算：凡采矿权人对矿产品自行加工的，按国家规定价格计算；国家没有规定价格的，按征收时矿产品当地市场平均价格计算。采矿权人向境外销售产品的，按国际市场销售价格计算。

矿产资源补偿费计算公式：征收矿产资源补偿费金额 = 矿产品销售收入 × 补偿费费率 × 开采回采率系数，开采回采率系数 = 核定开采回采率/实际开采回采率。核定开采回采率，按照国家有关规定经批准的矿山设计为准。国家专门确定了矿产资源补偿费费率。

征收的矿产资源补偿费,中央与省、自治区、直辖市按比例分成入库。中央与省、直辖市矿产资源补偿费的分成比例为 5∶5;中央与自治区矿产资源补偿费的分成比例为 4∶6。

从 2016 年 7 月起,国家开始实施资源税从价计征改革的同时,将全部资源品目的矿产资源补偿费费率降为零,相关收入纳入资源税。实质上不再征收矿山资源补偿费,改为征收资源税。

4. 使用与监管

从理论上讲,矿产资源补偿费是国家以资源所有权的身份,向矿产资源使用者收取的财产权益,其主要目的是补偿矿产资源的使用者成本。补偿费的用途,主要是用于矿产资源的勘查等活动,因此补偿费的性质和主要目的都不是治理矿山环境。实践中,矿产资源补偿费由地质矿产主管部门会同财政部门征收,征收对象为开采矿产资源的采矿权人。

3.3.3　两权价款

1. 概念

两权价款是指探矿权价款和采矿权价款。探矿权价款是指国家将其出资勘查形成的探矿权出让给探矿权人,按规定向探矿权人收取的价款;采矿权价款是指国家将其出资勘查形成的采矿权出让给采矿权人,按规定向采矿权人收取的价款(张亚明 等,2010)。

2. 法律法规依据

(1)《矿产资源勘查区块登记管理办法》(2014 年修订),第十三条规定:"申请国家出资勘查并已经探明矿产地的区块的探矿权的,探矿权申请人除依照本办法第十二条的规定缴纳探矿权使用费外,还应当缴纳经评估确认的国家出资勘查形成的探矿权价款"。

(2)《矿产资源开采登记管理办法》(2014 年修订)。第十条规定:"申请国家出资勘查并已经探明矿产地的采矿权的,采矿权申请人除依照本办法第九条的规定缴纳采矿权使用费外,还应当缴纳国家出资勘查形成的采矿权价款。"

(3)《探矿权采矿权转让管理办法》(2014 年修订)。

(4)《探矿权采矿权使用费和价款管理办法(试行)》。

(5)《中央所得探矿权采矿权使用费和价款使用管理暂行办法》。

3. 征收标准

根据《矿产资源勘查区块登记管理办法》(2014 年修订)和《矿产资源开采登记管理办法》(2014 年修订)规定,国家出资勘查形成的探矿权价款和采矿权价款,由国务院地质矿产主管部门会同国务院国有资产管理部门认定的评估机构进行评估;评估结果由国务院地质矿产主管部门确认。

4. 使用与监管

探矿权是指在依法取得的勘查许可证规定的范围内，勘查矿产资源的权利。享有法定主体资格的单位或个人依法向国家管理机关提出申请,经审查批准后取得勘查许可证,在规定的区块范围和期限内，按批准的内容进行矿产资源勘查的权利。国家将原本属于国家的矿产资源所有权以设置特许权的方式授予探矿权人使用。它是矿业权的组成部分,其主体为取得勘查许可证获得探矿权的单位或个人,其客体为批准的区块范围内特定的矿产资源。探矿权具有物权的性质或称为他物权,具有排他性,即在批准的区块范围和期限内不允许设立第二个探矿权，也不允许任何其他单位和个人在该区块内勘查矿产资源。

采矿权是指具有相应资质条件的法人、公民或其他组织在法律允许的范围内，对国家所有的矿产资源享有的占有、开采和收益的一种特别法上的物权,在物权法概括性规定基础上由《中华人民共和国矿产资源法》予以具体明确化。采矿权客体应包括矿产资源和矿区，具有复合性,并且矿区及其所蕴含的矿藏种类规模不同对采矿权的取得及行使有着重要影响。采矿权可有限制的转让,法律应明确并完善采矿权的抵押、出租和承包等流转形式。

两权价款收入应专项用于矿产资源勘查、保护和管理支出。征收两权价款的目的是维护矿产资源的国家所有权,体现实行探矿权、采矿权有偿取得的制度,保护探、采矿权人的合法权益,维护矿产资源勘查秩序。

另外,上述法律条文中还明确征收探矿权使用费和采矿权使用费,并规定了征收标准。这两项费用与两权价款在征收标准上虽有所不同,但其功能基本相同。

3.3.4 土地复垦费

1. 概念

土地复垦费是指有关企业和个人为履行土地复垦义务,在自行没有条件复垦或者复垦没有达到规定要求时,向当地政府或土地行政主管部门缴纳的进行土地复垦的费用。

2. 法律法规依据

（1）《中华人民共和国土地管理法》（2019 年修正）第四十三条规定：“因挖损、塌陷、压占等造成土地破坏,用地单位和个人应当按照国家有关规定负责复垦；没有条件复垦或者复垦不符合要求的,应当缴纳土地复垦费,专项用于土地复垦。复垦的土地应当优先用于农业。”

（2）《中华人民共和国土地管理法实施条例》（2014 年修订）第十六条规定：“在土地利用总体规划确定的城市和村庄、集镇建设用地范围内，为实施城市规划和村庄、集镇规划占用耕地，以及在土地利用总体规划确定的城市建设用地范围外的能源、交通、水利、矿山、军事设施等建设项目占用耕地的，分别由市、县人民政府、农村集体经济组织和建设单位依照《土地管理法》第三十一条的规定负责开垦耕地；没有条件开垦或者开垦的耕地不符合要求的，应当按照省、自治区、直辖市的规定缴纳耕地开垦费。"

（3）《土地复垦条例》第十八条规定："土地复垦义务人不复垦，或者复垦验收中经整改仍不合格的，应当缴纳土地复垦费，由有关国土资源主管部门代为组织复垦。"

（4）《土地复垦条例实施办法》（2019 年修正）第十六条规定："土地复垦义务人应当按照条例第十五条规定的要求，与损毁土地所在地县级国土资源主管部门在双方约定的银行建立土地复垦费用专门账户，按照土地复垦方案确定的资金数额，在土地复垦费用专门账户中足额预存土地复垦费用。预存的土地复垦费用遵循'土地复垦义务人所有，自然资源主管部门监管，专户储存专款使用'的原则。"

3. 征收标准

确定土地复垦费的数额，应当综合考虑损毁前的土地类型、实际损毁面积、损毁程度、复垦标准、复垦用途和完成复垦任务所需的工程量等因素。

4. 使用与监管

《土地复垦条例》中明确规定，生产建设活动损毁的土地，按照"谁损毁，谁复垦"的原则，由生产建设单位或者个人负责复垦。土地复垦义务人应当按照土地复垦标准和国务院国土资源主管部门的规定编制土地复垦方案。

从《土地复垦条例》中可知，在生产建设中，因挖掘、塌陷、压占等造成土地破坏的，用地单位和个人应当按照国家的有关规定，采取整治措施，使其恢复到可供利用的状态。如果没有条件复垦或者复垦不符合要求，则要缴纳土地复垦费，专项用于土地复垦。所谓"没有条件复垦"包括用地单位或个人不具备复垦被破坏的土地的技术、设备而无力复垦的情况，也包括由于土地被破坏的程度十分严重，复垦非常困难或得不偿失的情况。"复垦不符合要求"是说复垦后的土地利用不符合国家对复垦规定的标准。

土地复垦费主要是针对没有条件复垦或者复垦不符合要求的单位和个人，其目的是促使损毁的土地得到及时恢复，达到国家规定的土地复垦条件，合理利用土地，切实保护耕地资源。

3.3.5　水土流失防治费

1. 概念

水土流失防治费是指企业事业单位或个人在建设和生产过程中，对造成的水土流失采取防治措施所需的费用。

2. 法律法规依据

（1）《中华人民共和国水土保持法》（2010 年修订）第八条规定："任何单位和个人

都有保护水土资源、预防和治理水土流失的义务，并有权对破坏水土资源、造成水土流失的行为进行举报。"第十九条规定："水土保持设施的所有权人或者使用权人应当加强对水土保持设施的管理与维护，落实管护责任，保障其功能正常发挥。"第三十二条规定："开办生产建设项目或者从事其他生产建设活动造成水土流失的，应当进行治理"。第五十六条规定："违反本法规定，开办生产建设项目或者从事其他生产建设活动造成水土流失，不进行治理的，由县级以上人民政府水行政主管部门责令限期治理；逾期仍不治理的，县级以上人民政府水行政主管部门可以指定有治理能力的单位代为治理，所需费用由违法行为人承担。"

（2）《中华人民共和国水土保持法实施条例》（2011 年修订）第十九条规定："企业事业单位在建设和生产过程中造成水土流失的，应当负责治理。因技术等原因无力自行治理的，可以交纳防治费，由水行政主管部门组织治理。"

3. 征收标准

根据《中华人民共和国水土保持法》（2010 年修订）规定，在山区、丘陵区、风沙区依照矿产资源法的规定开办乡镇集体矿山企业和个体申请采矿，必须持有县级以上地方人民政府水行政主管部门同意的水土保持方案，方可申请办理采矿批准手续。因此，一般应按照水行政主管部门批准的水土保持方案投资预算，向水行政主管部门交纳水土流失防治费。

4. 收缴对象

收缴对象主要有以下三种情况。

（1）因技术或其他原因，不能或不便于自行治理的单位或个人。

（2）对已编报水土保持方案，而不组织实施的企事业单位和个人。

（3）对非定点、流动式，自己治理不现实的建设单位或个人。

5. 使用与监管

对造成水土流失而无力治理的企业事业单位或个人征收水土流失防治费，是水行政主管部门依法防治水土流失的具体行政行为。这种行为具有一定的法律保证力和约束力，水土保持设施补偿费不同于赔偿费。

水土流失防治费主要用于企业事业单位在建设和生产过程中造成水土流失的治理，前提是企业事业单位无力自行治理，按照水土保持方案等缴纳一定的费用，由相关部门代为组织实施治理，以预防和治理水土流失，保护和合理利用水土资源。

需要说明的是，如果企业缴纳了水土流失防治费，可以免除水土流失治理责任。而相关部门在收到企业缴纳的水土流失防治费以后，要承担其在建设和生产过程中造成的水土流失治理的责任。然而，由于水土流失治理难度大，利用收缴的水土流失防治费进行治理还要经过一系列的组织、招标、实施、验收等程序，况且治理效果还存在变数。

为此，相关部门一般不接受企业主动缴纳的水土流失防治费，而是让企业自己去实施治理。因此，从全国范围来看，基本上这一部分费用收缴的很少，很多地方根本就不收。

3.3.6　水土保持补偿费

1. 概念

水土保持补偿费是指在生产建设过程中损坏了原有的水土保持设施（包括工程措施、生物措施、农业措施）和具有一定保持水土功能的地貌、植被，从而降低或减弱了其原有的功能，所必须为此补偿的费用。

2. 法律法规依据

（1）《中华人民共和国水土保持法》（2010 年修订）第三十二条规定："在山区、丘陵区、风沙区以及水土保持规划确定的容易发生水土流失的其他区域开办生产建设项目或者从事其他生产建设活动，损坏水土保持设施、地貌植被，不能恢复原有水土保持功能的，应当缴纳水土保持补偿费，专项用于水土流失预防和治理。专项水土流失预防和治理由水行政主管部门负责组织实施。"

（2）《中华人民共和国水土保持法实施条例》（2011 年修订）第二十一条规定："建成的水土保持设施和种植的林草，应当按照国家技术标准进行检查验收；验收合格的，应当建立档案，设立标志，落实管护责任制。任何单位和个人不得破坏或者侵占水土保持设施。企业事业单位在建设和生产过程中损坏水土保持设施的，应当给予补偿。"

3. 征收标准

水土保持设施补偿费的收缴坚持"谁损坏，谁补偿"的原则。补偿费的标准应高于当初建设这些水土保持设施的投资额，这种补偿费应与所造成的水土保持经济损失等量。

征收标准分为工程措施补偿费和生物措施补偿费。工程措施补偿费：对损毁的固定观测设施、塘坝、谷坊坝、护坡、梯田等水土保持工程设施，按其恢复同等标准的工程造价征收。生物措施补偿费：如占据草地、林地等，依据自然资源开发、生产建设占地面积及对水土保持设施的损坏面积交纳补偿费。

从目前各地开征情况看，实行过程中大多低于这个标准。

4. 使用与监管

水土保持补偿费的收缴对象是在建设和生产过程中损坏水土保持设施的单位或个人。如果其在从事生产建设、资源开发及其他活动中损坏了原地貌、植被和水土保持设施等，造成原有的水保功能降低，应给予经济补偿，再由水行政主管部门在别处投资，另行防治。其目的是促使水土保持整体功能得到保障。《中华人民共和国水土保持法》（2010 年修订）更加明确了水土保持补偿费的内容。

3.3.7 森林植被恢复费

1. 概念

森林植被恢复费是指用地单位占用、征用或者临时占用林地，依法向有关部门缴纳的专门用于植树造林、恢复森林植被的费用。

2. 法律法规依据

（1）《中华人民共和国森林法》（2019 年 12 月 28 日修订通过，自 2020 年 7 月 1 日起施行）第三十七条规定："矿藏勘查、开采以及其他各类工程建设，应当不占或者少占林地；确需占用林地的，应当经县级以上人民政府林业主管部门审核同意，依法办理建设用地审批手续。占用林地的单位应当缴纳森林植被恢复费。森林植被恢复费征收使用管理办法由国务院财政部门会同林业主管部门制定。"

（2）《中华人民共和国森林法实施条例》（2018 修订）第十六条规定："勘查、开采矿藏和修建道路、水利、电力、通信等工程，需要占用或者征收、征用林地的，必须遵守下列规定："用地单位应当向县级以上人民政府林业主管部门提出用地申请，经审核同意后，按照国家规定的标准预交森林植被恢复费，领取使用林地审核同意书。"

（3）《森林植被恢复费征收使用管理暂行办法》第四条规定："凡勘查、开采矿藏和修建道路、水利、电力、通讯等各项建设工程需要占用、征用或者临时占用林地，经县级以上林业主管部门审核同意或批准的，用地单位应当按照本办法规定向县级以上林业主管部门预缴森林植被恢复费。"

（4）《财政部 国家林业局关于调整森林植被恢复费征收标准引导节约集约利用林地的通知》规定："森林植被恢复费征收标准应当按照恢复不少于被占用征收林地面积的森林植被所需要的调查规划设计、造林培育、保护管理等费用进行核定。"

3. 征收标准

森林植被恢复费征收标准应当按照恢复不少于被占用或征用林地面积的森林植被所需要的调查规划设计、造林培育、保护管理等费用核定。具体征收标准如下。

（1）郁闭度 0.2 以上的乔木林地（含采伐迹地、火烧迹地）、竹林地、苗圃地，每平方米不低于 10 元；灌木林地、疏林地、未成林造林地，每平方米不低于 6 元；宜林地，每平方米不低于 3 元。

各省、自治区、直辖市财政、林业主管部门在上述下限标准基础上，结合本地实际情况，制定本省、自治区、直辖市具体征收标准。

（2）国家和省级公益林林地，按照第（1）款规定征收标准 2 倍征收。

（3）城市规划区的林地，按照第（1）、（2）款规定征收标准 2 倍征收。

（4）城市规划区外的林地，按占用征收林地建设项目性质实行不同征收标准。属于公共基础设施、公共事业和国防建设项目的，按照第（1）、（2）款规定征收标准征收；属于经营性建设项目的，按照第（1）、（2）款规定征收标准 2 倍征收。公共基础设施建设项目包括：公路、铁路、机场、港口码头、水利、电力、通信、能源基地、电网、油气管网等建设项目。公共事业建设项目包括：教育、科技、文化、卫生、体育、环境和资源保护、防灾减灾、文物保护、社会福利、市政公用等建设项目。经营性建设项目包括：商业、服务业、工矿业、仓储、城镇住宅、旅游开发、养殖、经营性墓地等建设项目。

（5）对农村居民按规定标准建设住宅，农村集体经济组织修建乡村道路、学校、幼儿园、敬老院、福利院、卫生院等社会公益项目以及保障性安居工程，免征森林植被恢复费。法律、法规规定减免森林植被恢复费的，从其规定。

4. 使用与监管

《森林植被恢复费征收使用管理暂行办法》第十二条规定："森林植被恢复费实行专款专用，专项用于林业主管部门组织的植树造林、恢复森林植被，包括调查规划设计、整地、造林、抚育、护林防火、病虫害防治、资源管护等开支，不得平调、截留或挪作他用。"

第十三条规定："省、自治区、直辖市林业主管部门收取的森林植被恢复费，纳入省级财政预算管理。其中：省、自治区集中用于全省（自治区）范围内异地植树造林、恢复森林植被的比例不得高于 20%；通过省、自治区财政专项转移支付返还被占用或征用林地所在地县、地（州、市）级财政，用于植树造林、恢复森林植被的比例不得低于 80%。直辖市集中用于全市范围内异地植树造林、恢复森林植被的比例可高于 20%。"县、地（州、市）级林业主管部门收取的森林植被恢复费，纳入同级财政预算管理，全部用于本区域范围内的植树造林、恢复森林植被。"

由此可以看出，森林植被恢复费专款用于植树造林、恢复森林植被。目前使用情况基本是异地恢复，也就是说，在当地植被遭到占用、破坏以后，按相关标准缴纳森林植被恢复费用，在其他地方积极实施植树造林，恢复区域内森林植被的整体生态功能。

3.3.8　环境保护税

1. 概念

环境保护税也称"环境税""生态税""绿色税"，一般是指以保护环境为目的，针对污染、破坏环境的特定行为课征税款的专门税种，不包括在一般性税种中为激励纳税人保护环境而采取的税收优惠等税收调节措施。

2. 法律法规依据

（1）《中华人民共和国环境保护税法》（2018 修正）第二条规定："在中华人民共和国领域和中华人民共和国管辖的其他海域，直接向环境排放应税污染物的企业事业单位和其他生产经营者为环境保护税的纳税人，应当依照本法规定缴纳环境保护税。"第三条规定："本法所称应税污染物，是指本法所附《环境保护税税目税额表》、《应税污染物和当量值表》规定的大气污染物、水污染物、固体废物和噪声。"第十七条规定："纳税人应当向应税污染物排放地的税务机关申报缴纳环境保护税。"第二十七条规定："自本法施行之日起，依照本法规定征收环境保护税，不再征收排污费。"第二十八条规定："本法自 2018 年 1 月 1 日起施行。"

（2）《中华人民共和国环境保护税法实施条例》。

（3）《国务院关于环境保护税收入归属问题的通知》。

3. 征收标准

《中华人民共和国环境保护税法》（2018 修正）第四条规定："有下列情形之一的，不属于直接向环境排放污染物，不缴纳相应污染物的环境保护税：（一）企业事业单位和其他生产经营者向依法设立的污水集中处理、生活垃圾集中处理场所排放应税污染物的；（二）企业事业单位和其他生产经营者在符合国家和地方环境保护标准的设施、场所贮存或者处置固体废物的。"第五条规定："依法设立的城乡污水集中处理、生活垃圾集中处理场所超过国家和地方规定的排放标准向环境排放应税污染物的，应当缴纳环境保护税。企业事业单位和其他生产经营者贮存或者处置固体废物不符合国家和地方环境保护标准的，应当缴纳环境保护税。"

《中华人民共和国环境保护税法实施条例》第四条规定："达到省级人民政府确定的规模标准并且有污染物排放口的畜禽养殖场，应当依法缴纳环境保护税；依法对畜禽养殖废弃物进行综合利用和无害化处理的，不属于直接向环境排放污染物，不缴纳环境保护税。"

根据《中华人民共和国环境保护税法》税收减免情形如下。

（1）下列情形，暂予免征环境保护税：农业生产（不包括规模化养殖）排放应税污染物的；机动车、铁路机车、非道路移动机械、船舶和航空器等流动污染源排放应税污染物的；依法设立的城乡污水集中处理、生活垃圾集中处理场所排放相应应税污染物，不超过国家和地方规定的排放标准的；纳税人综合利用的固体废物，符合国家和地方环境保护标准的；国务院批准免税的其他情形（由国务院报全国人民代表大会常务委员会备案）。

（2）减税：纳税人排放应税大气污染物或者水污染物的浓度值低于国家和地方规定的污染物排放标准百分之三十的，减按百分之七十五征收环境保护税。纳税人排放应税大气污染物或者水污染物的浓度值低于国家和地方规定的污染物排放标准百分之五十的，减按百分之五十征收环境保护税。

《中华人民共和国环境保护税法》第六条规定："环境保护税的税目、税额，依照本法所附《环境保护税税目税额表》执行。应税大气污染物和水污染物的具体适用税额的确定和调整，由省、自治区、直辖市人民政府统筹考虑本地区环境承载能力、污染物排放现状和经济社会生态发展目标要求，在本法所附《环境保护税税目税额表》规定的税额幅度内提出，报同级人民代表大会常务委员会决定，并报全国人民代表大会常务委员会和国务院备案。"

（1）应税大气污染物。应税大气污染物按照污染物排放量折合的污染当量数确定，以该污染物的排放量除以该污染物的污染当量值计算。每种应税大气污染物的具体污染当量值，依照《中华人民共和国环境保护税法》所附《应税污染物和当量值表》执行。

每一项应税大气的应纳税额=当期该污染物的污染当量×适用税额=当期该污染物的排放量÷该污染物的污染当量值×适用税额。

每一排放口或者没有排放口的应税大气污染物，按照污染当量数从大到小排序，对前三项污染物征收环境保护税。从两个以上排放口排放应税污染物的，对每一排放口排放的应税污染物分别计算征收环境保护税；纳税人持有排污许可证的，其污染物排放口按照排污许可证载明的污染物排放口确定。

省级人民政府可以增加同一排放口征收环境保护税的应税污染物项目数，报同级人大常务委员会决定，并报全国人大常委会和国务院备案。

（2）应税水污染物。应税水污染物按照污染物排放量折合的污染当量数确定，以该污染物的排放量除以该污染物的污染当量值计算。每种应税水污染物的具体污染当量值，依照《中华人民共和国环境保护税法》所附《应税污染物和当量值表》执行。

每一项应税水污染物的应纳税额 = 当期该污染物的污染当量×适用税额 = 当期该污染物的排放量 ÷ 该污染物的污染当量值×适用税额。

每一排放口的应税水污染物，按照《中华人民共和国环境保护税法》所附《应税污染物和当量值表》，区分第一类水污染物和其他类水污染物，按照污染当量数从大到小排序，对第一类水污染物按照前五项征收环境保护税，对其他类水污染物按照前三项征收环境保护税。从两个以上排放口排放应税污染物的，对每一排放口排放的应税污染物分别计算征收环境保护税；纳税人持有排污许可证的，其污染物排放口按照排污许可证载明的污染物排放口确定。

省级人民政府可以增加同一排放口征收环境保护税的应税污染物项目数，报同级人大常务委员会决定，并报全国人大常委会和国务院备案。

（3）应税固体废物。应税固体废物的计税依据，按照固体废物的排放量确定。

固体废物的排放量=当期应税固体废物的产生量-当期应税固体废物的贮存量-当期应税固体废物的处置量-当期应税固体废物的综合利用量。

其中，固体废物的贮存量、处置量，是指在符合国家和地方环境保护标准的设施、场所贮存或者处置的固体废物数量；固体废物的综合利用量，是指按照国务院发展改革、工业和信息化主管部门关于资源综合利用要求，以及国家和地方环境保护标准进行综合利用的固体废物数量。

每一项固废废物的应纳税额=当期应税固体废物的排放量×适用税额。

（4）应税噪声。应税噪声的应纳税额为超过国家规定标准的分贝数对应的具体适用税额。

4. 使用与监管

根据《国务院关于环境保护税收入归属问题的通知》，为促进各地保护和改善环境、增加环境保护投入，国务院决定，环境保护税全部作为地方收入。

《中华人民共和国环境保护税法》明确规定：县级以上地方人民政府应当建立税务机关、环境保护主管部门和其他相关单位分工协作工作机制，加强环境保护税征收管理，保障税款及时足额入库。环境保护税由税务机关依照《中华人民共和国税收征收管理法》和本法的有关规定征收管理。环境保护主管部门依照本法和有关环境保护法律法规的规定负责对污染物的监测管理。直接向环境排放应税污染物的企业事业单位和其他生产经营者，除依照本法规定缴纳环境保护税外，应当对所造成的损害依法承担责任。

从理论上讲，环境保护税制度，将矿产资源开发企业的外部环境成本内部化，一定程度上促进了矿产资源开发利用者重视环境保护，积极预防和治理污染。同时，对尾矿征收每吨 15 元的税额，可为矿山生态环境保护筹集部分资金，减少财政负担。从实践来看，环境保护税在解决矿山环境问题方面，存在标准低、管理不严等问题，很难有效地保护矿山生态环境。

3.3.9 矿山环境治理恢复基金

1. 概念

矿山环境治理恢复基金是为实现对受损矿山环境的修复和重建，通过多元化的资金筹集方式而建立起来的，专门用于矿山环境污染防治、矿山生态恢复与重建等方面，并具有独立而完善的运作机制的专门资产，也是矿山环境损害社会化救济的重要组成部分。矿山环境治理恢复基金是以维护广大人民群众的权益为设立目标，属于公益性基金的一种。此外，矿山环境治理恢复基金是为了保护矿山环境而设立，从本质上讲其属于环境保护类基金的范畴（罗奇，2018）。

矿山环境治理恢复基金制度就是将基金所涉及的内容都上升到制度层面，其实质是对基金的规范化过程，通过建立一套系统的规则体系，将矿山环境治理恢复基金所涉及的事项或行为都纳入法律的范围内进行规范，将基金的运作纳入法治化的范畴内，以便更好地发挥基金设立的效能。通过构建矿山环境治理恢复基金制度，调整矿山环境整治和修复中所涉及的社会关系，维护基金运作中所涉及的利益各方的合法权益，确保基金实效的发挥（罗奇，2018）。

2. 法律法规依据

（1）2003 年发布的《中国的矿产资源政策》白皮书中提出：建立多元化的矿山环境保护投资机制。建立矿山环境保护和土地复垦履约保证金制度，实行政府引导、市场运作，确保矿山环境能够得到有效恢复和治理。对废弃矿山和老矿山，国家将在示范项目的基础上，加大生态环境恢复治理的力度，并鼓励社会资金投入。对生产矿山，建立以矿山企业为主的环境治理投资机制。对新建矿山，由企业负担治理资金。

（2）2015 年 8 月 18 日，国务院发布《国务院关于全面整顿和规范矿产资源开发秩序的通知》，在探索建立矿山生态环境恢复补偿制度中提出：地方各级人民政府应对本地矿区生态环境进行监督管理，按照"谁破坏、谁恢复"的原则，明确治理责任，保证治理资金和治理措施落实到位。新建和已投产生产矿山企业要制订矿山生态环境保护与综合治理方案，报经主管部门审批后实施。对废弃矿山和老矿山的生态环境恢复与治理，按照"谁投资、谁受益"的原则，积极探索通过市场机制多渠道融资方式，加快治理与恢复的进程。财政部、国土资源部等部门应尽快制订矿山生态环境恢复的经济政策，积极推进矿山生态环境恢复保证金制度等生态环境恢复补偿机制。

（3）2006 年 2 月 10 日，发布的《财政部 国土资源部 环保总局关于逐步建立矿山环境治理和生态恢复责任机制的指导意见》，明确提出：地方环境保护、国土资源行政主管部门应当组织有资质的机构对试点矿山逐个进行评估，按照基本恢复矿山环境和生态功能的原则，提出矿山环境治理和生态恢复目标及要求。地方国土资源、环境保护行政主管部门应当督促新建和已投产矿山企业根据上述要求，制订矿山生态环境保护和综合治理方案，并提出达到矿山环境治理及生态恢复目标的具体措施。在此基础上，地方国土资源、环境保护行政主管部门要会同财政部门依据新矿山设计年限或已服役矿山的剩余寿命，以及环境治理和生态恢复所需的费用等因素，确定按矿产品销售收入的一定比例，由矿山企业分年预提矿山环境治理恢复保证金，并列入成本。

（4）2007 年 12 月 18 日，国务院发布《国务院关于促进资源型城市可持续发展的若干意见》，提出：结合建立矿山环境治理恢复保证金制度试点，研究建立可持续发展准备金制度，由资源型企业在税前按一定比例提取可持续发展准备金，专门用于环境恢复与生态补偿、发展接续替代产业、解决企业历史遗留问题和企业关闭后的善后工作等。地方各级人民政府要按照"企业所有、专款专用、专户储存、政府监管"的原则，加强对准备金的监管，具体办法由各地根据实际情况制定。

（5）2009 年 3 月 2 日国土资源部令第 44 号公布《矿山地质环境保护规定》，规定：采矿权人应当依照国家有关规定，缴存矿山地质环境治理恢复保证金。矿权人要按照不得低于矿山地质环境恢复治理所需费用的标准缴纳矿山地质环境治理恢复保证金，保证金的所有权归企业，政府只对专门的保证金账户进行监管，保证金仅能用于矿山环境的整治和修复，除此之外不得动用该笔资金。（此规章分别于 2015 年、2016 年、2019 年进行修正。）

（6）2010 年，财政部、国土资源部发布《关于将矿产资源专项收入统筹安排使用的通知》明确提出，将中央分成和地方分成（收取）的矿产资源专项收入统筹用于矿山地质环境恢复治理。

（7）2013 年 3 月 27 日，财政部、国土资源部发布《矿山地质环境恢复治理专项资金管理办法》，对中央财政安排的专项用于矿山地质环境恢复治理资金的使用进行了规范，并明确了该专项资金主要用于国有矿山在计划经济时期形成的或责任人已经灭失的、因矿山开采活动造成矿山地质环境破坏的恢复和治理。

（8）2017 年 4 月 13 日，国务院发布的《矿产资源权益金制度改革方案》提出，按照"放管服"改革的要求，将现行管理方式不一、审批动用程序复杂的矿山环境治理恢复保证金，调整为管理规范、责权统一、使用便利的矿山环境治理恢复基金，由矿山企业单设会计科目，按照销售收入的一定比例计提，计入企业成本，由企业统筹用于开展矿山环境保护和综合治理；有关部门根据各自职责，加强对基金事中事后的监管；同时，建立和完善对基金的动态监管机制，督促企业落实矿山环境治理恢复责任。

（9）2017 年 7 月 18 日，《财政部 国土资源部 环境保护部关于取消矿山环境治理

恢复保证金 建立矿山环境治理恢复基金的指导意见》明确：取消保证金，通过建立基金的方式，筹集治理恢复资金。保证金取消后，企业应承担矿山环境治理恢复责任，按照满足矿山地质环境保护与土地复垦方案资金需求的原则，根据其矿山地质环境保护与土地复垦方案，将矿山地质环境恢复治理费用按照企业会计准则相关规定预计弃置费用，计入相关资产的入账成本，在预计开采年限内按照产量比例等方法摊销，并计入生产成本，在所得税前列支。同时，矿山企业需在其银行账户中设立基金账户，单独反映基金的提取情况。基金由企业自主使用，根据其矿山地质环境保护与土地复垦方案确定的经费预算、工程实施计划、进度安排等，专项用于因矿产资源勘查开采活动造成的矿区地面塌陷、地裂缝、崩塌、滑坡、地形地貌景观破坏、地下含水层破坏、地表植被损毁预防和修复治理等方面。矿山企业的基金提取、使用及矿山地质环境保护与治理恢复方案的执行情况需列入矿业权人勘查开采信息公示系统。

（10）2019 年 7 月 24 日发布的《矿山地质环境保护规定》（2019 修正），第十七条规定："采矿权人应当依照国家有关规定，计提矿山地质环境治理恢复基金。基金由企业自主使用，根据其矿山地质环境保护与土地复垦方案确定的经费预算、工程实施计划、进度安排等，统筹用于开展矿山地质环境治理恢复和土地复垦。"

3. 征收标准

矿山企业按照满足矿山地质环境保护与土地复垦方案资金需求的原则，根据其矿山地质环境保护与土地复垦方案，将矿山地质环境恢复治理费用按照企业会计准则相关规定预计弃置费用，计入相关资产的入账成本，在预计开采年限内按照产量比例等方法摊销，并计入生产成本，在所得税前列支。同时，矿山企业需在其银行账户中设立基金账户，单独反映基金的提取情况。

4. 使用与监管

基金由企业自主使用，根据其矿山地质环境保护与土地复垦方案确定的经费预算、工程实施计划、进度安排等，专项用于因矿产资源勘查开采活动造成的矿区地面塌陷、地裂缝、崩塌、滑坡、地形地貌景观破坏、地下含水层破坏、地表植被损毁预防和修复治理等方面。矿山企业的基金提取、使用及矿山地质环境保护与治理恢复方案的执行情况需列入矿业权人勘查开采信息公示系统。

地方国土资源主管部门应建立动态化的监管机制，对企业矿山环境治理恢复进行监督检查。对于未按照矿山地质环境保护与治理恢复方案开展相关工作的企业，责令其限期整改。对于逾期仍未按照要求完成恢复治理任务的企业，按照《矿山地质环境保护规定》及相关法律法规追究其法律责任，并将该企业列入严重违法名单；未完成的地质环境修复工作由自然资源部门、财政部门按程序委托第三方代为开展，相关费用由企业支付。

除以上税费外，矿山企业还要缴纳矿产资源勘查登记费、采矿登记费等中央部门行政性收费，以及各地设立的行政事业性收费和基金项目，如水资源费、育林基金、林业建设基金、价格调节基金等。2006 年，我国对石油开采企业还专门开征了石油特别收益金（崔娜，2012）。

3.3.10 小结

总体来看，以上环境资源税费分属多个部门进行管理（表 3.2），其中又以自然资源部门居多。这些税费政策中，多数属于专项基金，包括水土流失防治费、水土保持（设施）补偿费等，因此，在使用和管理上都有明确的规定和要求。其中有些需要做环境恢复方案，如土地复垦要做土地复垦方案，水土流失防治要做水土流失防治方案，缴纳矿山环境治理恢复基金的同时，要做矿山地质环境保护与土地复垦方案。

表 3.2 矿产资源开发环境资源税费

序号	税费类型	资金性质	征收条件	使用方向	使用地点	是否做方案	主管部门
1	资源税	财政收入	强制	划归财政	统筹安排	否	财政
2	矿产资源补偿费	国家预算	强制	主要用于矿产资源勘查	统筹安排	否	自然资源
3	两权价款	国家预算	强制	专项用于矿产资源勘查、保护和管理性支出	统筹安排	否	自然资源
4	土地复垦费	专项资金	在自行没有条件复垦或者复垦没有达到规定要求	土地复垦	本矿山	土地复垦方案	自然资源
5	水土流失防治费	专项资金	因技术等原因无力自行治理	水土流失预防和治理	本矿山	水土保持方案	水利
6	水土保持（设施）补偿费	专项资金	开办生产建设项目或者从事其他生产建设活动，损坏水土保持设施、地貌植被，不能恢复原有水土保持功能	建设和维护水土保持设施	统筹安排	否	水利
7	森林植被恢复费	政府性基金	凡勘查、开采矿藏和修建道路、水利、电力、通信等各项建设工程需要占用、征用或者临时占用林地	用于植树造林、恢复森林植被（一般是异地恢复）	统筹安排	否	林业
8	环境保护税	地方财政收入	直接向环境排放污染物的单位和个体工商户	用于环境污染防治	统筹安排	否	生态环境
9	矿山环境治理恢复基金	企业所有	强制	矿山环境治理和生态恢复	本矿山	矿山地质环境保护与土地复垦方案	自然资源

但在这些环境资源税费政策中，不乏重复或交叉缴费的现象，税费界定模糊不清（张士菊 等，2017）。其中最为明显的当属土地复垦费、水土流失防治费、森林植被恢复费和矿山环境治理恢复基金。上述费用中的目标包含在恢复矿山生态环境中，尤其是矿山环境治理恢复基金几乎包括前三项所有费用的目标和功能。但由于分属不同部门管理，

各部分资金单独使用，不能形成合力，在同一个矿区难以发挥整个效益，甚至出现重复投资而降低了资金的使用效率。这种多头管理、分别治理、部门之间不协调的现象，十分不利于矿山生态环境的恢复。因此，应尽快区分各种税费征收的目的、功能和用途，明确不同税费的使用阶段，严格规定使用程序和达到的标准，加快建立部门之间的协作机制，并加强监管（周波 等，2019；罗奇，2018；崔娜，2012）。

3.4　砂石矿山生态环境保护对策建议

（1）加快政府管理职能转变，完善资源开发生态监管体系。我国砂石矿资源开采生态监管体系的建立迫在眉睫。党的十九大报告中强调，改革生态环境监管体制，完善生态环境管理制度，生态环境部将在生态保护方面行使重要的监管职能，特别是监督对生态环境有影响的自然资源开发利用活动、重要生态环境建设和生态破坏恢复工作。加快推动制定国家层面的砂石资源生态监管指导意见，对砂石资源开发全过程的生态监管进行宏观指导；各省市县在已有管理经验的基础上，结合本地区砂石开发利用特点，在地方层面形成一套具有地方特点及可操作的砂石资源开发利用全过程生态监管体系。根据机构改革后各部门职能，明确砂石矿资源开发全过程的责任主体、监管职责及分工等，加快建立各部门在砂石矿生态监管工作中的协调机制，形成生态监管的长效机制，使之产生生态监管"乘法效应"，共同完成政府监管的职责和目标。

（2）加大违法违规惩戒力度，推进资源开发生态监管落地。在环保督察深入推进的大背景下，各地各级管理部门应更加注重发挥行政手段在规范砂石资源开发、防范生态环境破坏、引导市场公平竞争等方面的作用，加大对私挖滥采、盗采超采等非法违规行为的惩戒力度，消除行业对生态环境威胁，震慑行业不正当行为，保持对各类违规违法行为的高压态势，从严处理危及生态环境安全、搅乱市场秩序的恶性案件。对有典型意义的案例，分类整理汇编成册以供企业参考，引导企业依法依规开采砂石资源。积极组织基层单位开展包括不定期巡查、环境保护监管、卫片执法检查、矿山实测核查、委托第三方监理等具体工作，将生态监管各项政策最终落地。

（3）加强生态监管科技创新，加强砂石矿生态修复成效评估。强化生态环境修复与监管科技创新供给，大力发展生态环境修复与监管产业，加强生态环境监管领域先进适用技术成果转化推广和产业化，鼓励建立专业化的生态环境技术转移机构，支持协会联盟等开展生态环境技术服务。随着绿色矿山建设的不断深入，对砂石矿开展生态修复成效评估是创新生态监管技术的一种手段，从景观恢复、生态功能恢复和环境问题治理效果等方面着手起草砂石矿生态修复成效评估指南，为今后砂石矿产资源开发生态修复成效评估和环境督查提供技术支撑。

第 4 章　砂石矿山生态修复理论及研究进展

4.1　砂石矿山生态修复理论及基本概念

4.1.1　矿山废弃地生态修复理论来源

恢复生态学是 20 世纪 80 年代得到有力发展的现代生态学分支，它的研究对象为那些在自然灾害和人类活动压力条件下受到破坏的自然生态景观恢复和重建的问题，如矿山废弃地的恢复等，主要研究内容涉及两个方面：一是生态系统退化与恢复的生态学过程，包括各类退化生态系统的成因和驱动力、退化过程、特点等；二是通过生态工程技术对各种退化的生态系统恢复与重建模式的示范研究（虞蔚君，2007；朱德华 等，2005；彭少麟，1996）。

矿山废弃地生态修复理论都来源于恢复生态学原理及理论，其相关理论的研究主要涉及植被群落演替理论、限制性因子理论、自我设计和人工设计理论、生态适应性理论、生态位理论、植物入侵理论、生物多样性理论、景观生态学理论等几个方面，其中植被群落演替理论和限制性因子理论的研究相对集中（关军洪 等，2017；魏远 等，2012；孟猛 等，2010；范军富 等，2005）。

植被群落演替理论：所有生态系统的恢复和重建都是以植被恢复为前提，因此植被群落演替理论作为矿山废弃地植被恢复重建的重要基本理论，一直以来都是矿山废弃地生态修复过程中众多学者研究的焦点问题之一（关军洪 等，2017；李子海，2008；陈芳清 等，2001；宋书巧 等，2001）。大量实践也证明（李子海，2008；袁剑刚 等，2005；白中科 等，2000），在选择植物物种时应遵循生态演替原理。群落是一个动态系统，能量和营养物质不停地在群落中循环流动。群落一旦受到干扰和破坏，它还能通过自身调节慢慢重建。首先是先锋植物在遭到破坏的地方定居繁殖，后来又被其他种植物所取代。总是后来者占优，直到群落恢复到原来的外貌和物种结构成分为止。在一个遭到破坏的群落地点所发生的一系列变化就是演替。矿山废弃地土壤贫瘠、有机质含量低、土壤结构不合理、渗透性差，因此，在废弃地修复初期，应首先种植豆科类灌木或牧草（具有固氮作用）等先锋植物迅速恢复植被，控制水土流失。随着土壤肥力的提高，在充足的阳光下，喜阳的灌木会出现并在竞争中取胜。在灌木群落所形成的潮湿遮阴的地面上，则为各种树种的萌发创造了有利条件。于是树木就逐渐成长起来，并最终成为优势种。所以根据这一原则，应在废弃矿山逐步种植一些抗耐性较强的灌木、乔木，逐步形成"草-灌-乔"的立体景观，从而加强整个生态系统的结构稳定性与功能协调能力。

限制性因子理论：限制性因子理论是生态学理论的核心内容。所有生物生存和繁殖、生长恢复状况是其所处的生境中诸多生态因子综合作用的结果（关军洪 等，2017；钟爽，2005），但其中必有一种或少数几种因子是限制性关键因子。若缺少这些关键因子，生物生存和繁殖就会受到强烈限制，这些关键因子称为限制因子。该理论基本原理为生态学家提供了一把研究生物与环境复杂关系的钥匙，一旦找到限制因子，也就意味着找到了影响生物生存和发展的关键因子。在矿山生态恢复过程中，肥力是制约植物生长的主要限制因子之一，这是由矿山特殊的土壤结构造成的。矿山废弃地土壤贫瘠、有机质含量低、土壤结构不合理、渗透性差，土壤自身持水、持肥能力差，从而使植物的生长受限，因此，应采取有效措施，改善土壤水分、肥力状况，这是恢复矿山废弃地生态系统的重要前提。

矿山废弃地生态修复作为恢复生态学实际研究的一项重要内容，其主要目的是基于矿山废弃地生态系统退化和恢复过程与机理等相关理论，建立相应的技术标准体系，用以指导恢复因采矿活动所破坏的生态系统，进而服务于矿山废弃地的生态环境保护、土地资源利用和生物多样性保育等理论与实践活动，将受损的生态系统恢复到接近于矿山开采前的自然状态，或重建成符合社会需求与有益用途的状态，或者是其他与周围环境相协调的状态（关军洪 等，2017；李一为 等，2010；钟爽，2005）。

4.1.2 矿山的概念

一般来说，矿山是指有一定开采边界的采掘矿石的独立生产经营单位，主要包括一个或多个采矿车间（或称坑口、矿井、露天采场等）和一些辅助车间，大部分矿山包括选矿场。矿类主要包括煤矿、金属矿、非金属矿、建材矿和化学矿等。

4.1.3 矿区的概念

1986 年，《中华人民共和国矿产资源法》较早使用了"矿区"的概念。但一直以来其内涵十分不明确，外延又相对模糊，加之人们对矿区的认识或研究角度不同，则产生了定义或表述各异的"矿区"。温久川（2012）认为"矿区是以采矿业为中心，包含矿区内工、农业生产和其他有关社会、经济领域的特殊'区域'，是一个复杂的'自然-社会-经济'的综合体。"尹德涛（2004）则认为"矿区是由资源、环境、经济和社会等子系统构成的复杂生态系统。从生态学角度，矿区属于自然人文复合生态系统。从空间角度，矿区包括矿业生产区，依托矿业生产形成的城镇或其他居民点，以及农业、畜牧业、林业、渔业等生产区。"汤万金等（1999）认为"矿区是以开发利用矿产资源的生产作业区和职工及其家属生活片区为主，并辐射一定范围而形成的经济与行政社区。在该社区中，矿业作为主导产业，带动和支持本区经济与社会的发展。"以上表述虽从不同角度和方面对矿区进行了界定，但他们有一些共同点：以采矿为基础，以经济发展为目的，有生产设备，矿区职工能进行正常的生活，具有一定的区域性特点。

目前，普遍认为矿区是指曾经开采、正在开采或准备开采的含矿地段，包括若干矿井或露天矿的区域,有完整的生产工艺、地面运输、电力供应、通信调度、生产管理及生活服务等设施,其范围常视矿床的规模而定。

邓小芳(2015)通过相关资料总结,并将矿区做以下分类:能源资源矿区,如煤矿、石油、天然气等;基础材料类矿区,如石材等;各种金属类矿区,如铜矿、锌矿、金矿等;其他稀有矿种,如稀土等。

4.1.4　生态修复的定义

对于生态修复的定义目前还存在诸多争论,而且很容易与生态恢复、土地复垦等概念混淆(吴鹏,2011;艾晓燕 等,2010)。生态恢复主要在欧美一些国家及我国部分地区使用,而日本和我国主要使用"生态修复"的称谓(李悦,2010)。不同的学者由于研究目的、方向等的不同,赋予了生态修复不同的含义,而且随着研究深入和社会的发展,生态修复的内涵也在不断地完善和发展(吴鹏,2011;艾晓燕 等,2010;张新时,2010;李悦,2010;周启星 等,2006;焦居仁,2003)。吴鹏(2011)综合分析了前人对生态修复的定义,并结合研究实践中生态修复的具体模式和内容指出,生态修复是在人工条件下对原有破坏生态环境进行恢复、重建和修整,使其更符合社会经济可持续发展的过程。李悦(2010)指出,生态修复是指对生态系统停止人为干扰,以减轻负荷压力,依靠生态系统的自我调节能力与自组织能力使其向有利方向有序演化,或者利用生态系统的这种自我恢复能力,辅以人工措施,使遭到破坏的生态系统逐步恢复或使生态系统向良性循环方向发展,主要致力于在自然突变和人类活动影响下受到破坏的自然生态系统的恢复与重建工作。焦居仁(2003)认为,为了加速被破坏的生态系统恢复,可采取人工辅助措施,加快恢复生态系统健康运转服务的过程称为生态修复。因此,矿区生态修复不仅仅简单地对原生态环境进行人为的恢复、复垦,还要进行修整、重建,符合社会发展的需要。

4.1.5　废弃矿山景观

废弃矿山景观就是矿区废弃地景观(束文圣 等,2000)。从景观生态学来讲,采矿活动就是将原来较为均质的景观破坏的过程。采矿地是人类为获得矿产资源而对土地进行剧烈改造的区域,是具有剧烈人为干扰的一种特殊景观类型。采矿废弃地是因为采矿活动破坏和占用土地而形成的,并且非经治理而无法使用的地域(李悦,2010;麦少芝 等,2005;包维楷 等,2001)。

废弃矿山往往由废石堆、采坑、尾矿等废弃地景观类型和一些机械设施、厂房建筑、道路等不同性质的景观要素组成,表现出比采矿前更强的景观异质性(王瑞君 等,2014;吴欢 等,2003)。开采之前,当地完整的生态系统能通过生物与生物之间、生物与环境之间的相互作用和系统内的自我组织和调整过程达到相对稳定状态,具有正常的生产功能和保护功能,而开采后由于景观的改变超出了自然系统的调节和物种的适应能力负荷,区域生态格局和各种生态过程连续性受到强烈影响，景观的稳定性被破坏，污染扩散（王瑞君 等，2014；刘海龙，2004；吴欢 等，2003）。

4.1.6 矿区废弃地

国内外关于矿区废弃地的定义较多。从土地利用角度定义，矿区废弃地是指采矿、选矿和炼矿过程中被损毁、污染或占用的，非经治理而无法使用的土地（张丽芳 等，2010；钟爽，2005；麦少芝 等，2005；谷金锋 等，2004；陈昌笃，1993；麦克哈格，1992）。美国矿务局将矿区废弃地定义为未经改造的闲置的废弃矿山开采或勘探活动破坏的区域。从生态系统的角度认为，矿区废弃地是一种严重退化的生态系统，其生态特征接近于裸地或荒地，与周围环境不协调并产生较大的负面影响。束文圣 等（2000）认为，矿业废弃地是指因采矿活动所破坏和占用的，非经治理而无法使用的土地，主要包括采空区、排土场、废石堆、尾矿等。

按矿区废弃地的来源不同，可将矿区废弃地分为以下 4 种类型（虞蔚君，2007），见表 4.1。

表 4.1 矿山废弃地的不同类型

矿区废弃地类型	定义	特征
露天采场	露天矿山开采后形成的采矿作业面	深凹露天坑，边坡稳定性差，岩石裸露，缺少土壤覆盖，保水力差
废石场	剥离的表土、挖掘的覆岩和低品位的矿石堆积成的废石堆积地	废石粒径大，堆积体松散裸露，边坡不稳定，金属矿山废石场呈酸性且含重金属污染物，植物无法生长
尾矿库	选矿工艺后产生的尾砂堆存地	粒径较细，表层干燥松散，结构性差，持水性低，含选矿药剂等有毒有害物质，植物无法生长
压占区	矿山建设时修筑的厂房建筑物、办公生活楼、道路等辅助设施占地	区域被水泥建筑所覆盖，无法直接恢复为农业或林业用地

矿区废弃地由于采矿活动的剧烈扰动，不仅丧失了天然的表土特性，还产生其他诸多持久而严重的负面影响（杨晓艳 等，2008；麦少芝 等，2005），主要体现在以下 5 方面。

（1）改变地表景观。砂石矿区主要采用露天开采的方式，造成矿区植被景观损毁严重，裸露面大，边坡高陡，其排土场和尾矿库均导致数倍于开采范围区域的地表生态和自然景观破坏。

（2）占用和破坏大量的土地资源。砂石矿区主要因为露天采场剥离、开山修路、工业广场建设、尾矿堆放等而破坏或占用大量的林地、草地及耕地。有资料显示，在我国矿山破坏土地的总面积中，约 59% 由采空区而遭到破坏，20% 被露天废石堆占据，13% 被尾矿库占据，5% 被地下采出的废石堆所占用，3% 处于塌陷危险区。其中，尾矿和废石堆占到了总面积的 38%。《中国国土资源统计年鉴 2016》指出，截至 2015 年底，我国砂石类资源矿山开发企业总数为 26 396 个,这些矿山企业在开采过程中对土地的破坏是相当惊人的。截至 2012 年,我国历史遗留矿山破坏损毁土地累计面积高达280.4 万 hm^3,并按一定速率(每年 3.3~4.7 万 hm^3)逐年增长,2014 年累计面积约 303 万 hm^3。其中抛荒地和露天采矿破坏的土地约占 50%,矿山废弃地生态修复率不到 12%,远低于发达国家(65%)。目前,我国人均耕地约 1.5 亩[①],"人增地减"趋势明显,预计未来 10 年乃至更长时间内,我国人口将继续增加,经济总量持续上涨,资源、能源的消耗也随之暴增,因此,砂石矿废弃地的生态修复与重建,对于保护土地资源具有重要的意义。

(3)对周围地区产生严重的环境影响。没有覆盖的疏松堆积物由于风蚀和水蚀,水土流失和土地沙荒化加剧,大风时灰尘飞扬污染环境,影响农作物生长和人类健康,暴雨时大量泥沙流入河道或水库,污染并淤积水体,影响水利设施的正常使用,增加洪水的危害。矿山废弃物特别是尾矿库中往往含有一些污染成分,这些污染物会伴随着水土流失而污染水源和农田。

(4)引发地质灾害。无论是正在开采的或已废弃的矿山,采矿活动都会对矿区地质结构产生强烈的扰动,造成地面及开挖边、斜坡岩(土)体变形,稳定性降低,存在滑坡、崩塌、诱发地震等地质灾害的隐患。

(5)破坏生物多样性。勘矿、采矿活动引起的地表与地下扰动,会对栖息地生物群落造成极大的影响,且大多是不可逆的。裸露的矿区废弃地会继续破坏周围甚至更大范围内的生物群落,并导致区域内生物多样性减少和生态系统失衡。

4.2　国外砂石矿山生态修复进展

矿区生态修复是指把被采矿破坏的土地恢复成人类所需要的状态的过程,是退化生态系统与恢复生态学的重要研究内容之一(吴欢 等,2003;彭少麟,1996)。生态修复是矿区废弃地修复治理的核心内容,而矿区植被修复与重建被认为是矿区生态恢复的关键和最佳策略(李晓丹 等,2018)。

据统计,全世界废弃矿山面积约 670 万 hm^3,其中露天采矿破坏和抛荒地约占 50%。近半个世纪以来,发达国家对矿山废弃地的治理非常重视。

矿山生态修复最早开始于美国和德国(高国雄 等,2001)。早在 20 世纪初,这些工业发达国家已经自发地在矿区进行种植试验,开始对矿区生态环境进行修复。英国、澳大利亚等有悠久采矿历史的发达国家也很早就开始恢复生态学的相关研究,并在矿区生态修复方面取得了很大的成绩,生态修复已成为采矿后续产业的重要组成部分(刘国华 等,2003)。加拿大、法国、日本等国在矿区生态修复方面也做了大量的工作(高国雄等,2001)。另外,美国、英国、加拿大、澳大利亚等国家都通过制定矿山环境保护法规理顺矿山环境管理体制、建立矿山环境评价制度,实施矿山许可证制度、保证金制度,严格执行矿山监督检查制度等措施来保证矿山生态修复的成效(王雪峰,2007)。

---

① 1 亩≈666.7 m^2。

4.2.1 美国

美国矿山生态修复工作一直走在世界前列（高怀军，2015）。20 世纪 30 年代，美国 26 个州先后制定了露天采矿有关土地复垦方面的法规，并于 1977 年 8 月 3 日正式颁布了《露天采矿管理与恢复（复垦）法》，该法规严格规定了矿山开采的复垦程序，明确了矿业废弃地生态恢复的责任权属问题，且根据该法规规定的义务，对所有的煤矿山都进行合理的开采和复垦。这是美国土地复垦史上一部划时代的法规，为全国范围内开展矿业废弃地生态恢复奠定了重要的法律基础。至今，该法规仍是美国联邦政府和各州政府矿业废弃地生态恢复遵循的最重要的法律依据和标准。经过 20 多年的实践，不仅新建矿山破坏的土地及时进行了复垦，历史遗留下的煤炭工矿废弃地也得到了修复，被污染的水资源得到了改善，如今土地复垦已成为采矿过程的一部分（卢春江，2018；白中科，2010；高国雄 等，2001）。

在美国，一般将矿区修复治理工作分为法律颁布前、后两个阶段，修复治理工作责任明确。对于法律颁布后出现的矿区土地破坏，一律实行"谁破坏，谁复垦"，即要求复垦率为 100%；而对于法律颁布前已被破坏的废弃矿区，则由国家通过筹集复垦基金的方式组织修复治理；对于已废弃矿区的复垦采取在国库中设立废弃矿山复垦基金制度。美国的环境法要求工业建设破坏的土地必须修复到原来的形态，原来是农田的恢复到农田的状态，原来是森林的恢复到森林的状态。由于国家法律的强制作用及其科研工作的进展，美国的矿区环境保护和治理成绩显著。在矿区作物种植、矸石山植树造林、利用电厂粉煤灰改良土壤等方面做了很多工作，积累了大量经验（张成梁 等，2011；钟爽，2005）。

美国土地复垦后并不强调农用，而是强调恢复破坏前的地形地貌。要求控制水流的侵蚀和有害物质沉积；保持地表原状和地下水位；注重酸性和有害物质的预防和处理；保持表土仍在原位置；防止矸石和其他固体废弃物堆放后滑坡；消除采矿形成的高桥，使其恢复到近似等高的状态；进行植被恢复，成为水生植物、陆地野生动物栖息场地（庞少静，2002）。

（1）美国废弃矿山复垦基金制度。美国国会 1977 年通过了《露天采矿管理与恢复（复垦）法》，以规范采矿业和解决废弃矿山的问题。该法规规定矿业公司在采矿地资源耗竭后必须将土地复垦，所有的煤炭开发活动都必须交纳一定的复垦保证金。交纳的复垦保证金进入复垦基金，基金存入国库，用于资助废弃矿山的复垦。

（2）矿山土地复垦机构。矿山复垦的管理工作主要由美国内政部牵头。美国内政部露天采矿与恢复（复垦）办公室专管全国矿山的土地复垦工作。矿业局、土地局和环境保护署等部门协助对与本部门有关的土地复垦工作进行管理。各州资源部负责辖区内矿山的复垦工作。

（3）美国矿山环境恢复履约保证金制度。《露天采矿管理与恢复（复垦）法》规定，要求露天矿山生产者在采矿许可证颁发之前，应支付履约保证金。保证金是以生产者忠实地执行露天开采控制复垦法的规定为条件的，包括管理计划、许可证和复垦计划。按照法律规定，许可证持有者在履行了履约保证金所覆盖的所有复垦或一个阶段的复垦以后，许可证持有者可以向管理当局提出退还全部或部分履约保证金的申请。

4.2.2　德国

德国十分重视环境保护工作，在采矿过程中十分注意最大限度地减少对环境的破坏，采矿后开展复垦工作也不是简单地种树或平整土地，而是从整体考虑生态的变化和群众对环境的需要。为了加强群众的环境教育和普及环境保护的科学知识，联邦政府自然资源部和环境保护的社团组织，每年确定宣传一个树种、一种动物，并印成图文材料在旅游地区发放，同时编写到中小学的教材中加强对青少年的环境教育。在各州的相应地方还设立了环保教育基地，设置岩石标本、栽植一些当年宣传的树木、草本植物等，以供附近群众和游客学习、欣赏。经过长期努力，复垦工作取得了较好的成绩。在矿区及周围，一片片整齐生长良好的林地，一个个碧绿如毯的牧场，一处处风景如画的旅游区，使人赏心悦目。无论是城市还是乡村到处是绿色，表现出非常高的环境质量（魏远 等，2012；钟爽，2005）。

（1）矿区土地复垦历程。据了解，德国最早的土地复垦是在 1766 年，当时的土地租赁合同明确写明采矿者有义务对采矿迹地进行治理并植树造林。德国系统地对土地进行复垦始于 20 世纪 20 年代。

（2）景观生态重建实施体系。根据德国《矿产资源法》，矿区景观生态重建和对矿产的勘探、开发和开采都属于采矿活动的一部分。该法对景观生态重建作了如下定义："重建是指在顾及公众利益的前提下，对因采矿占用、损害的土地进行有规则的治理。"重建并不是将土地恢复到开采前的状况，而是建设为规划要求的状况。景观生态重建是一个连续不断的过程，从对矿产的勘探和开采，直到重新生成优良而健康的环境为止，使土地被赋予符合可持续发展要求的新用途。德国的生态重建在发展过程中形成了比较完善的可操作体系。

一是保障体系——法律手段。德国的《联邦矿产法》是矿区重建重要的法律依据。该法对国家的监督权，矿山企业的权利和义务，受到开采影响的社区，其他机构和个人的权利和义务，取得矿产资源的勘探、开采和初加工等采矿活动许可证的条件等都作了规定，并对采矿活动结束后的矿区环境治理也作了规定。获得采矿许可证的企业既要对勘探、开发和开采煤炭负责，也要对矿区重建负责。该法规定，从事采矿活动的企业，有义务编制企业规划，并交上级主管部门审批。《联邦自然保护法》对矿区的生态重建起到了重要作用。该法的基本出发点是自然保护和景观维护，要求企业对所造成的自然景观破坏，要通过土地复垦的方式进行恢复和治理，构造接近自然的景观。

二是控制体系——规划手段。规划控制体系：一是指褐煤规划，二是指企业规划。根据州《规划法》，褐煤规划必须符合州规划的基本原则，并将联邦空间规划和州规划的目标作为其基本目标。褐煤规划只对景观生态重建作出框架性规定，具体实施是通过企业规划来完成的。

三是实施体系——技术手段。采掘机、运输皮带及推土机组成了露天矿区完整的采运系统。土地复垦也根据规划中规定的各种用途而采取不同的措施，从而使复垦后的环境能满足规划中的要求。德国矿区景观生态重建从最初的植树绿化到多功能复垦区域的建立，经历了由简单到综合、由幼稚到成熟的过程。景观生态重建的理论研究也经历了三个阶段：以经济利用为主的矿区景观生态重建/土地复垦的理论研究；以景观构造为主的理论研究；以可持续发展为主导思想的理论研究。

4.2.3 澳大利亚

澳大利亚是以采矿业为主导产业的国家，它将先进的技术运用于矿山复垦，现在复垦已经成为开采工艺的一部分，矿区生态恢复已经取得令人瞩目的成绩，并且矿山生态修复作为澳大利亚的另一种行业，正像其他行业一样，发挥着它独特的作用（李红举 等，2019；魏远 等，2012）。澳大利亚矿山生态修复的显著特点如下（钟爽，2005）。

（1）采用综合模式，实现了土地、环境和生态的综合修复，克服了单项修复带来的弊端。

（2）多专业联合投入，包括地质、矿冶、测量、物理、化学、环境、生态、农艺、经济，甚至医学、社会学等多学科多专业，促进矿区生态恢复工作发展。

（3）高科技应用程度较高，为矿区生态恢复提供了各类食品、设备，使矿区生态恢复工程实施得以加速推进、顺利进行。

为了恢复和治理矿山的生态环境，矿业公司依据州政府按相关程序审批的签有协议的"开采计划与开采环境影响评价报告"，以崇尚自然、以人为本、恢复原始为理念，一边开采一边将开采结束的矿山进行恢复。法律规定，对于历史开采遗留下来的封闭矿区，由政府出资进行生态恢复工作；对于新开矿区，则由矿主出资进行生态恢复。澳大利亚矿山生态环境恢复的主要内容如下。

（1）矿山环境恢复履约保证金。矿山环境恢复履约保证金，是指采矿权人在开采矿产资源过程中为履行其因采矿活动所破坏的矿山地质环境的恢复治理义务而缴纳的保证资金。

（2）植被恢复。在开采前，企业必须专门组织植被研究中心或社会中介机构对矿区的草本、灌木、藤本、乔木等植物的品种、分布、数量进行调查、分析。

（3）土地复垦。表土还原是目前正在利用的一项技术，矿山开采在剥离表土时，须将适合植物生长的腐殖土单独堆放。

（4）酸性废水的处理。处理酸性废水最常用的措施是收集并加入碱性物质中和处理。这些碱性物质包括石灰石、石灰、苏打及氧化锰等，随后将这些细金属沉淀物覆盖。

（5）矿山生态环境治理的验收。矿山生态环境治理验收基本标准有三条，即复绿后地形地貌整理的科学性；生物数量和生物的多样性；废石堆场形态和自然景观接近，坡度应有弯曲，接近自然。

澳大利亚立法分为联邦和州两级。联邦政府只负责有限范围内的环境保护活动，有关环境保护的工作主要由各州进行，大量的环境保护法由各州制定，因此各州均有自己的矿业法。1999 年，澳大利亚颁布了《联邦环境和生物多样性保护法》，确立了对新建项目和已建项目的环境评价的框架及矿山关闭的土地复垦要求（卢春江，2018）。

4.2.4　加拿大

加拿大在矿区复垦方面有以下措施。

（1）完备的法律体系。加拿大是联邦制国家，联邦政府没有专门的矿业法，与矿业活动有关的法律主要有《领土土地法》和《公共土地授权法》。根据联邦宪法规定，联邦和省政府分别有独立的立法权限。各省政府都制定了专门的法律，通常要求经营者必须提交矿山复垦计划，包括矿山闭坑阶段将要采取的恢复治理措施和步骤。

（2）矿山环境评估制度。加拿大将矿山环境视为可持续发展战略的重要方面，是采矿许可证的必备部分，在矿山投产前必须提出矿山环保计划和准备采取的环保措施。根据不同的矿山开发项目，运用的评估方式有四种：一是筛选，即对矿山提出的环保计划和措施进行筛选，适用小型矿业项目；二是调解，适合矿山开发可能产生的环境影响涉及的当事人不多的矿业项目，由环境部指定调解人协调；三是综合审查，适合矿山开发可能产生的环境影响涉及多个部门或跨几个地区的大型矿业项目，必须由联邦政府组织综合审查；四是特别小组审查，适用任何政府机构或公众要求必须包括一个独立小组的公众审查项目。

（3）全程矿区复垦工作。加拿大的矿区复垦工作贯穿矿山生产的所有阶段。在矿山开采前，必须对当时的生态环境状况进行研究并取样，获得的数据作为采矿过程中及采矿结束后复垦的参照；在矿区勘查阶段，管理部门也要正确引导，尽可能地减少矿山生产活动对土地、水、植被、野生动物的影响；在采矿权申请阶段，矿山企业必须同时提供矿区环境评估报告和矿山闭坑复垦环境恢复方案。

（4）矿山恢复保证金制度。为保证复垦方案得以落实，加拿大部分省的法律规定矿山企业从取得第一笔矿产品销售款开始，就要提取复垦基金（或保证金）。保证金缴纳方式不同的省份还有不同的规定，有的可直接交给政府，有的交给保险公司或存进银行。另外，在加拿大，闭坑复垦并不一定要求恢复原貌，而是因地制宜，有的把山夷平后改造成公园，原居民可回迁；有的露天大矿坑则建成水库或鱼池。总的要求是不能低于原有的生态水平。

（5）废弃矿山信息系统。为全面掌握废弃矿山的情况，加拿大部分省实行了建立废弃矿山信息系统的管理办法。该系统收集了所属区域内所有的废弃矿山的相关情况，包括每个废弃矿山的地理信息、废弃矿山主要组成部分的情况描述、推荐治理恢复方案的可能成本、需要治理程度的排序等。系统中的数据资料不仅包括存储在信息系统中的数字信息，而且还有多种纸质资料，如调查报告和备忘录等，以及已经发生治理活动的文件或随机的治理计划。该信息系统的建立有利于政府掌握废弃矿山及其对环境破坏的情况，有利于政府安排资金和组织力量对其破坏的环境进行统一治理。

4.2.5 其他代表性国家

英国政府对采矿活动造成的地表环境破坏非常重视。其立法、执法严格，要求采矿后必须复垦，并且资金来源明确。露天矿采用内排法，边采边回填复垦，农用地先覆次表土 30 cm，再覆耕作层表土 25 cm，复垦时注意地形、地貌、用途，形成一个完善整体（卢春江，2018；钟爽，2005）。

法国工业发达，人口稠密，所以对土地复垦工作要求保持农林面积，恢复生态平衡，防止污染。法国十分重视露天排土场覆土种草，活化土壤，经过渡性复垦后，再复垦为新农田。为使复垦区风景与周围协调，还进行了绿化美化。在进行林业复垦时，分为三个阶段完成：一为实验阶段，研究多种树木的效果，进行系统绿化，总结开拓生土、增加土壤肥力的经验；二为综合种植阶段，筛选生长好的白杨和赤杨，进行大面积种植试验（包括增加土壤肥力、追肥和及时管理等内容）；三为树种多样化和分阶段种植阶段，合理安排林、农业，种植一些生命力强的树木、作物。

苏联在 1954 年开始立法，1968 年将其具体化，促进了土地复垦的综合科研、科学认证。其土地复垦过程分为工程技术复垦和生物复垦，包括一系列恢复被破坏土地肥力、造林绿化、创立适宜人类生存活动的综合措施。

发达国家的矿业废弃地的生态修复比较成功，其工作开展较早，注重修复土地的性能，生态修复技术先进。美国和澳大利亚更加注重环境效益的改善及矿区生态平衡的恢复，并积极研究微生物复垦。

我国关于废弃地复垦理论的研究起步于 20 世纪 80 年代，之前主要是在零散的矿区进行自发的造林或造田实践，主要的目的是改善生态环境、缓解土地供需压力和维护矿区的安全，几乎没有深入的理论研究。20 世纪 90 年代以后，该研究领域主要集中在有色金属矿尾矿和煤矿废弃地的植被种植等。1989 年以来，我国在多地建立了土地复垦点，并取得了大面积土地复垦成果，也建立了许多示范基地。

近几年，我国政府加大了复垦力度，加紧了矿山环境治理规划和具体方案的实施。2001～2007 年，全国共恢复治理矿山环境面积达 15.5 万 hm^2。国务院颁布的《中华人民共和国土地复垦规定》迄今已有 30 余年。通过对山东、山西、甘肃和河北 4 个试点省的采矿区调查显示，土地的复垦率已增加到 43.30%，然而这一数据与美国 1977 年后新建矿山 80% 的土地复垦率相比，仍然有很大差距（姜建军 等，2005）。

我国政府每年都在加大力度进行矿山土地复垦工作，完成土地复垦项目众多，如完成了河北省石家庄市鹿泉区等 18 个示范工程，各省矿山生态环境恢复治理工作取得了实质性进展（陈奇，2009）。

我国关于矿区生态修复研究的报道很多，但多是煤矿和金属矿山废弃地生态修复治理，比如孙红等（2012）、王雷等（2012）是关于煤矿废弃地的生态修复研究；王超等（2012）、王靖静（2010）是关于金属矿山废弃地的生态修复研究；高丽霞等（2005）、秦高远等（2006）偏重于综述性及绿化技术案例和实践的研究。针对采石场的系统性试验研究报道鲜见。

袁剑刚等（2005）对珠江三角洲采石场悬崖立面土壤植被特征进行了研究。关于我国北方采石场生态修复技术的专门研究报道较少。

4.3　砂石矿山生态修复展望

（1）目前，国内外对单个矿山的案例研究较多，筛选出的耐受性植物往往受到气候、地形、海拔的影响，只适合于当地矿山的生态恢复。今后，需要加大调查、搜索的范围和力度，加强筛选和培育工作，力求找到适应面较广的耐受性植物，以期在较大的地域范围进行矿山废弃地的生态恢复。

（2）矿山土地复垦与生态修复工程浩大，而工程结束恰恰是植被生长、土壤质量提高、系统演替和稳定的开始，这就意味着矿山土地复垦与生态修复必须进行长期监测。只有通过长期监测，才能判断生态修复工程的成功性。然而，很多国家学者都指出本国修复工程缺乏有效监管和长期监测。我国的矿山土地复垦与生态修复也存在类似的问题。生态恢复监测的指标、植被等特定要素的监测、生态恢复的驱动力监测等是探讨的重点。3S 技术（GIS、GPS 和 RS）[①]、物联网技术、无人机技术、大数据技术及社交网络媒体技术是研究的热点。

（3）目前，尚未形成鉴定矿山生态修复程度的评价指标体系，对于其生态修复效果无法做出确切的评价和判断。因此，寻求一套完整有效并廉价实用的修复评价体系是今后此领域共同进步的目标。此体系需在借鉴前人及国外相关研究成果的基础上，进行多学科综合研究，完善矿山生态修复管理体制。只有在制度完善、资金到位的前提下依靠科学技术，才能确保我国矿山废弃地的生态功能得到修复治理。

（4）建立一套完善的政策法规体系。目前，我国还没有非常明确的关于矿区污染修复的法律法规，一些已经出台的相关政策还没有配套的细则，不具可操作性。要从根本上解决矿区生态环境破坏问题，首先要建立相对完善的法律机制，做到修复时"有法可依"、验收时"有法可循"，从法律角度制约矿区生态破坏，明确矿区治理、恢复的责任，保障生态环境安全。

（5）完善管理机制。矿区生态修复涉及自然资源、生态环境等多个部门，在管理中容易出现扯皮、推诿等现象，可以借鉴国外经验建立一个统一权威管理部门，统一实施管理，加大执法力度和严格监督管理，奖惩分明，确保矿产资源合理开发利用，同时也要加强公众在生态修复过程中的监督权，用社会力量督促矿区生态修复保质保量的完成。

（6）拓宽修复主体渠道。矿区生态修复主体责任制在生态修复中处于核心地位，修复主体的确定和划分直接关系修复资金的筹集和修复过程的顺利完成。一般来说，国家

---

① GIS（geographic information system，地理信息系统），GPS（global positioning system，全球定位系统），RS（remote sensing，遥感）。

和政府、污染责任人是矿区的主要修复主体，相关部门应该积极鼓励公众参与到修复主体中，引进社会资源参与矿区修复，建立一个关于修复资金的筹集、管理和运用渠道，实现双赢多赢的局面。

（7）创新修复技术。主动吸收国内外在矿区修复中的有益经验和先进技术，开展矿区生态修复的综合研究，加大实用技术、新技术在矿区生态修复中的应用，推动修复技术进步，促进矿区生态修复的健康、可持续的发展。

第5章 砂石矿废弃地生态修复治理模式及成功案例

5.1 砂石矿废弃地生态修复治理主要模式

根据矿山的特点，综合分析矿山与矿山之间、矿山与周边环境之间的相互关系，对矿山进行科学合理的分类，便于采取不同的治理模式，对其进行生态与景观重建，在后期的开发建设中进行有效的利用。

按砂石矿山开采方式，将矿山分为劈山式开采矿山和凹陷式开采矿山（王瑞君 等，2014），主要特点见表 5.1。

表 5.1 砂石矿山开采方式分类

分类	特点
劈山式开采矿山	在地平面以上，对山体进行开挖，会形成山体缺口，同时形成大量裸露的边坡
凹陷式开采矿山	从地平面以下开挖，形成凹陷式深坑

对矿山进行分类后，在生态与景观重建原则的指导下，针对各采矿废弃地的特点，因地制宜地采取相应的治理模式，对其进行科学合理的治理与开发，使生态恢复与综合开发利用并行，见表 5.2（王瑞君 等，2014）。

表 5.2 砂石矿废弃地修复治理模式分类（王瑞君 等，2014）

对象	治理模式	方案	适用条件
劈山式开采矿山	生态恢复型	边坡生态复绿，使裸露的边坡复绿	所有矿山
	土地开发型	边坡生态复绿，将矿区空地开发利用为果园、花园、苗圃等	农田边、山边、河边、海边
	景观再造型	石壁雕刻、峭壁攀岩、园林设计等，进行相关旅游开发	山边、路边、海边
凹陷式开采矿山	生态恢复型	边坡生态修复，使裸露的边坡复绿	所有矿山
	土地开发型	用淤泥、建筑垃圾等将采坑回填复垦，作为工农业建设用地；蓄水成湖，进行鱼类养殖或作为水源涵养地	农田边、山边、路边
	景观再造型	石壁雕刻、峭壁攀岩、园林设计、水上运动场所等相关的旅游开发	山边、海边、路边

矿山生态修复治理模式是针对治理对象特性、具有特定功能的若干方法的组合（武强 等，2017；刘宏磊 等，2016；陈奇，2009）。王玥（2018）认为，矿山生态修复治理模式主要是以治理对象、修复治理目标、修复治理技术三个方面为矿山治理基础构建的组合体系。武强等（2017）根据多年经验与积累，指出矿山生态修复治理模式是在明确修复治理对象的前提下，综合考虑废弃矿山当地的土地开发利用规划的最终目标和植被修复等具体要求，根据地形地貌和地质环境背景及矿产资源开发方案等，以适宜、先进、有效的修复治理技术与方法为基础，从土地使用者的角度针对性地构建一套结构合理、层次分明、系统完整的修复治理技术与方法的优化组合体系（图 5.1）。刘宏磊等（2016）认为，矿山生态修复治理模式是矿山环境与问题修复间矛盾预防与解决的工具，矿山生态问题的修复是矿山生态修复治理模式建立的第一步，经历技术与目标研究，顺时针循环组成模式建立过程，其中修复治理技术与问题、修复治理目标与问题具有效益反馈的互馈作用，各步骤对模式有着不同的影响特征（图 5.2）。

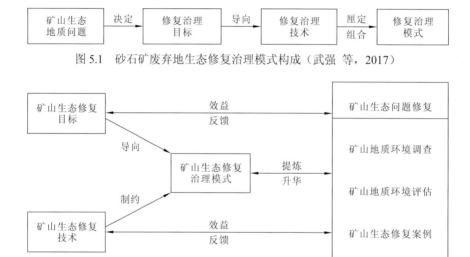

图 5.1 砂石矿废弃地生态修复治理模式构成（武强 等，2017）

图 5.2 砂石矿废弃地生态修复治理模式建立过程（刘宏磊 等，2016）

表面上来看，矿山废弃地是采矿后遗留的，其生态环境受到严重破坏，不仅没有价值，而且需投入大量资金整治的废弃地，但实际上其土地属性并没有实质改变。在当今人类面临的人口、资源、环境和发展四大主题中，土地作为重要的资源和环境的组成部分，其持续利用和高效利用显得尤为重要（彭凤，2008；张绍良 等，1999）。矿山废弃地同样具有资源和资产的双重内涵，具备负载、养育、仓储、提供景观、储蓄和增殖等的功能，经整治后可为生产过程提供场地，为劳动者提供劳动场所，具有显著的生态效益、经济效益、社会效益（赵双健，2017；蒋正举，2014）。矿山废弃地中不可再生的矿业遗迹资源及矿石资源可以充分展示人类社会发展的历史进程和人类改造自然的客观轨迹，具备研究价值、教育功能，是游览观赏、科学考察的主要内容，可使游人寓教于乐、寓教于游（吴靖雪 等，2015；彭凤，2008）。

矿山废弃地的生态修复与改造不能盲目进行，国外许多经典案例给予我们许多思想上的启发与实践上的经验，但我们不能完全照搬其矿山废弃地生态修复的模式。因为每个矿区的历史背景和环境因素都有所不同，所以要综合考虑矿山废弃地的土地现状及未来建设规划，进行土地适宜性评价，分析改造后将会产生的生态效益、经济效益、社会效益（袁哲路，2013）。根据矿山废弃地景观特征及开发利用目标的不同，矿山废弃地的生态恢复模式可以分为生态恢复型模式、土地开发型模式、景观再造型模式、综合治理型模式及复合型旅游开发型模式。

5.1.1　生态恢复型模式

生态恢复型模式是指对采矿废弃地裸露、受损和受污染的区域进行植被恢复和生态修复，以缩小与周边自然景观的异质性，即对边坡坡面清理后，利用客土或厚层基材喷附、挂网等施工工艺，并因地制宜地根据矿区特点运用植生袋和穴盘苗等施工方法，同时在坡面栽植攀援植物、灌木和小乔木等树种，使得裸露的坡面能够较快复绿，改善采矿废弃地自然生态环境质量（赵双健，2017；王瑞君 等，2014；蒋正举，2014）。

该模式以恢复植被为主，是江苏、安徽等省普遍采用的矿山地质环境治理绿化模式。该模式主要应用在重要交通干线两侧可视范围、河流湖泊周边、自然保护区、景观区、居民集中居住区周边。主要任务和目标是通过对裸露边坡和废弃地进行植被恢复，提高绿化覆盖率，改善生态环境，消除视觉污染（薛建 等，2014）。

5.1.2　土地开发型模式

土地开发型模式是指矿山废弃地治理的主要目的是开发利用矿区土地资源，通过对凹陷式采坑治理复垦后，使其成为工农业建设用地、鱼类养殖基地或水源涵养地等。通常采取"边坡生态复绿，采坑土地平整复垦"的综合治理模式。以矿山废弃地所处的地理位置、地质条件为依据，进行土地适宜性评价，与当地经济发展和用地规划相结合，在消除地质灾害隐患，实现边坡生态复绿的基础上，因地制宜地确定各矿山废弃地的复垦用途，最大限度地提高土地利用率，发挥矿山废弃地的土地效益（王瑞君 等，2014）。

1. 工业类或仓储类模式

根据采石废弃地所处区域的发展规划、地理位置等，可以利用废弃地进行工业类或仓储类项目的开发。工业项目的选择应符合都市类产业发展要求，以低能耗、低污染为原则，以满足城市发展与居民物质文化需求的轻制造业与轻加工业为主，如食品加工、再生资源回收利用、科技研发、产品设计等，产业仓储类项目一般是基于自身的场地条件或区域的交通环境等进行的开发，如利用废弃地开采后低洼的矿坑蓄水，基于废弃地周边良好的交通发展物流产业等。工业类与仓储类的开发模式在改善废弃地环境，提高土地资源的利用率的同时，有利于企业降低产品的制造成本，提升市场竞争力，还有助于缓解周边就业压力，促进城市产业结构均衡发展（薛建 等，2014；李汀蕾，2013）。

2. 城市公共设施类模式

城市公共设施主要是指由国家或地方政府提供的服务社会与公众的公共物品，其涵盖的范围很广，有交通领域、行政领域、科教文卫领域、安居工程领域等。这类开发模式所建设的项目重点在于其公共性，面向所有社会与公众，没有群体区分。主要包括：废弃地整治后用来建设市政交通或附属设施；因区域发展需要用来扩建的科教文卫类建筑；因其特殊的历史价值与教育价值可以设立展览馆、科普园区等；因场地特有的自身条件适合建设体育场等市政场馆等（卢春江，2018；薛建 等，2014）。

3. 房地产开发模式

位于城镇内或紧邻城镇的采石废弃地因其优越的地理位置与良好的周边条件，具有较大的土地价值和升值空间，可以适度发展地产类项目，建设住宅区、商业类和办公类园区、大酒店等。当然由于开采后的废弃地生态环境与地质结构都遭受了严重破坏，在开发前必须对地质安全性和环境质量等级的影响做全面的评估（卢春江，2018；薛建 等，2014）。

4. 垃圾处理模式

利用废弃矿坑作为生产、生活垃圾的处理基地，解决垃圾占地、污染环境、资源回收再利用的问题。通过矿坑改造形成垃圾处理场，将周边地区各种废弃物清运至废矿坑内进行多元化处理，如资源回收、堆肥、沼气发电等。资源回收与再利用所得可用于场内各项增加或改善设施等项目支出，形成自身运营机制（卢春江，2018；郑敏 等 2003）。

5.1.3 景观再造型模式

景观再造型模式主要适用于临近城区或风景区，人流量较大，有造境需求的矿山废弃地，主要是指采矿废弃地在治理时不是一味地削坡和复绿，而是有选择性地保留和利用一部分特殊的地形、地貌和岩石，对它们进行摩崖石刻，在有水源的地方形成溪水和瀑布等优美的景观环境。通过艺术化的人工景观再造、重塑和修饰使得景观建设与矿山生态恢复相结合，既美化了环境景观，又实现了边坡治理。在设计中，运用生态及景观设计理论，结合矿区现状及区域人文历史，对采矿废弃地进行生态恢复设计。景观再造模式下的采矿废弃地，在生态复绿后，可以开辟为城郊公园、石景公园或供休闲旅游的风景区，开辟为攀岩、蹦极、水上和陆上运动等的运动场所（赵双健，2017；吴靖雪 等，2015；王瑞君 等，2014；蒋正举，2014）。

1. 园林景观模式

园林景观模式主要用于城市建设规划区或居民集中居住区。营造景观的主要方法是利用矿山遗留的独特地形地貌景观，在消除地灾等各种隐患的前提下，以艺术的手法对地形进行景观改造与景观绿化，辅以廊、亭、道、泉、摩崖石刻等景观元素，形成以主题公园、文化游憩广场等主要形式的景观节点，改善生态环境、人居环境和旅游环境。该模式的特点是以景观建设为主，工艺相对复杂，投资较高（薛建 等，2014）。

2. 地质公园模式

因采矿揭露的地质景观、典型地层、岩性、化石剖面或古生物活动遗迹等是不可再生的地质遗产，具有特殊的地学研究意义。对此类矿山的地质环境治理景观营造应以地质公园建设为主题。比较著名的有江苏省南京六合国家地质公园，自 2005 年批准建设以来，先后实施了桂子山火山、石柱林，瓜埠山火山、石柱林，灵岩山雨花台组地层剖面，金牛山地质遗迹景观等一系列地质遗迹保护工程，共计投入资金约 2532 万元，用于专题科学考察和规划、公园主碑和地质博物馆建设、地质遗迹环境整治和保护工程、景点标识系统、地质遗迹保护的公益广告、导游培训和开园等方面（邱志勇 等，2018；薛建 等，2014）。

3. 矿山公园模式

矿山公园是以展示矿业遗迹景观为主体，体现矿业发展历史内涵，具备研究价值和教育功能，可供人们游览观赏、科学考察的特定的空间地域。倪琪等（2006）提出矿业遗迹是矿山公园的核心景观，建设矿山公园是矿业城市转型发展的最佳选择之一。矿山公园的建设是结合矿山生态环境治理和恢复，利用矿山分布于山区，其周围多林木、奇石、秀水等特点，将矿山环境建设成为符合国家标准的、与周围环境相和谐的景观游览地，是谋求人与自然和谐相处的一种有益尝试，是矿山生态环境治理和保护的最高境界（邱志勇 等，2018）。通过矿山公园建设，充分展示人类社会发展的历史进程和人类改造自然的客观轨迹，宣传和普及科学知识，使游人寓教于乐、寓教于游。

5.1.4　综合治理型模式

虽然在工程实践中总结出三种矿山废弃地的治理模式，但是许多矿山废弃地的治理并不一定是单一的，而是多种治理模式相互结合，既有生态效益和景观效益，又有良好的社会效益和经济效益。因此，应该把多种治理模式综合利用，因地制宜，因矿而治，最大限度地提高矿山生态环境治理的成效。例如，在生态复绿的基础上，将矿山废弃地进行复垦利用，作为果园、花园及苗圃等。与此同时，也可以进行景观再造，进行旅游开发，使其成为旅游观光点，着力开发生态旅游。对于凹陷式开采矿山，可以将采坑蓄水成湖，开发水上娱乐项目，同时进行鱼类养殖，最大限度地发挥其治理效益（赵双健，2017；吴靖雪 等，2015；王瑞君 等，2014）。

5.1.5　复合型旅游开发模式

对于当前城市生活的居民来说，向往追求更多的户外活动空间。地处城市郊区的采石废弃地，通过环境整治与生态恢复后所形成的自然开放空间与优越地理环境条件，正好迎合了这一需求（李汀蕾，2013）。根据矿山遗留的地形地貌、水体等特征，因地制宜地建设大型温泉山庄、生态观光农庄等，使其成为人们休闲娱乐的好场所。不同类型的旅游形式还可以相互结合，并与相关的服务功能配套，形成复合型旅游类的综合开发模式。以针对采煤塌陷地的湿地公园模式为例，可通过景观营造、塌陷地治理等，对"田、水、路、林、村"进行综合治理，在此基础上，进行生态环境修复、湿地景观开发（卢春江，2018；薛建 等，2014）。

5.2 砂石矿废弃地生态修复区域与生态修复质量控制标准

5.2.1 砂石矿废弃地生态修复区域

1. 露天采场（坑）

（1）深度小于 1.0 m 的不积水浅采场，在天然状态下或人工修复后可满足地表水、地下水径流条件时，经过削高垫洼，可复垦成耕地。

（2）不积水露天矿深挖损地，含薄覆盖层的深采场、厚覆盖层的浅采场和厚覆盖层的深采场三种，适宜复垦为林地。

（3）浅积水露天采场也可进一步深挖、筑塘坝复垦为渔业（养殖业）用地；浅积水露天采场若位于城镇附近，可复垦为人工水域和公园；积水在 3 m 以上，复垦为渔业（含水产养殖）或人工水域和公园。

（4）露天采场用于建设用地时，应进行场地地质环境调查，查明场地内崩塌、滑坡、断层、岩溶等不良地质条件的发育程度，确定地基承载力、变形及稳定性指标。

2. 取土场

（1）大型取土场生态修复可参照露天采场（坑）执行。

（2）对于小型取土场，能够回填恢复的，应参照国家有关环境标准尽量利用废石、垃圾、粉煤灰等废料回填。取土场复垦为耕地，表土厚度不低于 50 cm；复垦为园地，表土厚度不低于 30 cm；复垦为林地、草地，表土厚度不低于 30 cm。

3. 废石场

（1）新排弃废石应立即进行压实整治，形成面积大、边坡稳定的复垦场地。

（2）已有风化层，层厚在 10 cm 以上，颗粒细，pH 适中，可进行无土复垦，直接种植植被。风化层薄、含盐量高或具有酸性污染时，应经调节 pH 至适中后，再覆土 30 cm 以上。不易风化的废石覆土厚度应在 50 cm 以上。

（3）具有重金属等污染时，如果复垦为农用地，应铺设隔离层，再覆土 50 cm 以上。

（4）废石场的配套设施应有合理的道路布置，排水设施应满足场地要求，设计和施工中有控制水土流失措施，特别是控制边坡水土流失措施。

5.2.2　砂石矿生态修复质量控制标准

1. 林地

（1）有效土层厚度大于 20cm，西部干旱区等生态脆弱区可适当降低标准；确无表土时，可采用无土复垦、岩土风化物复垦和加速风化等措施。

（2）道路等配套设施应满足当地同行业工程建设标准的要求，林地建设满足《生态公益林建设　规划设计通则》（GB/T 18337.2—2001）和《生态公益林建设　检查验收规程》（GB/T 18337.4—2008）的要求。

（3）3～5 年后，有林地、灌木林地和其他林地郁闭度应分别高于 0.3、0.3 和 0.2，西部干旱区等生态脆弱区可适当降低标准；定植密度满足《造林作业设计规程》（LY/T 1607—2003）的要求。

2. 草地

（1）复垦为人工牧草地时地面坡度应小于 25°。

（2）有效土层厚度大于 20cm，土壤具有较好的肥力，土壤环境质量符合《土壤环境质量　农用地土壤污染风险管控标准（试行）》（GB 15618—2018）规定的土壤环境质量风险管制值和风险筛选值。

（3）配套设施（灌溉、道路）应满足《灌溉与排水工程设计标准》（GB 50288—2018）、《人工草地建设技术规程》（NY/T 1342—2007）等当地同行业工程建设标准要求。

（4）3～5 年后，复垦区单位面积产量达到周边地区同土地利用类型中等产量水平，牧草有害成分含量符合《食品安全国家标准　粮食》（GB 2715—2016）要求。

3. 人工水域与公园

（1）露采场、沉陷地等损毁土地用作人工湖、公园、水域观赏区时应与区域自然环境协调，有景观效果。

（2）水质符合《地表水环境质量标准》（GB 3838—2002）中 Ⅳ、Ⅴ 类水域标准。

（3）排水、防洪等设施满足当地标准。沿水域布置树草种植区，控制水土流失。

4. 建设用地

（1）场地地基承载力、变性指标和稳性指标应满足《建筑地基基础设计规范》（GB 50007—2011）的要求；地基抗震性能应满足《建筑抗震设计规范》（GB 50011—2010）要求。

（2）场地基本平整，建筑地基标高满足防洪要求。

（3）场地污染物水平降低至人体可接受的污染风险范围内。

5. 耕地

（1）旱地田面坡度不宜超过 25°。复垦为水浇地、水田时，地面坡度不宜超过 15°。

（2）有效土层厚度大于 40 cm，土壤具有较好的肥力，土壤环境质量符合《土壤环境质量 农用地土壤污染风险管控标准（试行）》（GB 15618—2018）规定的土壤环境质量风险管制值和风险筛选值。

（3）配套设施（包括灌溉、排水、道路、林网等）应满足《灌溉与排水工程设计标准》（GB 50288—2018）、《高标准基本农田建设标准》（TD/T 1033—2012）等标准，以及当地同行业工程建设标准要求。

（4）3～5 年后，复垦区单位面积产量达到周边地区同土地利用类型中等产量水平，粮食及作物中有害成分含量符合《食品安全国家标准 粮食》（GB 2715—2016）要求。

6. 园地

（1）地面坡度宜小于 25°。

（2）有效土层厚度大于 40 cm，土壤具有较好的肥力，土壤环境质量符合《土壤环境质量 农用地土壤污染风险管控标准（试行）》（GB 15618—2018）规定的土壤环境质量风险管制值和风险筛选值。

（3）配套设施（包括灌溉、排水、道路等）应满足《灌溉与排水工程设计标准》（GB 50288—2018）等标准，以及当地同行业工程建设标准要求。有控制水土流失措施，边坡宜植被保护，满足《水土保持综合治理技术规范》（GB/T 16453—2008）的要求。

（4）3～5 年后，复垦区单位面积产量达到周边地区同土地利用类型中等产量水平。

5.3 砂石矿废弃地生态修复成功案例

5.3.1 国外成功案例

1. 日本淡路梦舞台

开发模式：建设一个综合休闲园区，由国际会议中心、度假村、会议中心、餐厅、商店、椭圆及圆形广场、瞭望台、温室和露天剧场等多种设施组成，是一个集观光、休闲、娱乐、度假、美食餐饮、会议于一体的综合性特色旅游地。

主要设计理念和方案：建筑与景观大部分都建设在坡地上。建筑有做错层处理的，使屋顶覆土与环境融为一体。景观方面，利用一个弧形的坡地建造了露天剧场；百段苑花园利用边坡的地势，呈退台式布置方形花坛，并结合台阶与叠水形成了丰富的景观空间。

2. 葡萄牙布加拉市球场

开发模式：建设为市政体育场地，主要是建设一个室外运动场地及两侧看台和附属服务空间。

主要设计理念和方案：球场建于蒙特斯特罗花岗岩采石场旧址上，其设置是为恢复城市贫困地区经济并支持未来的经济增长。球场只设立了两侧看台，南侧看台依岩质边坡而建，停车场位于南侧看台的顶端；北侧看台反向倾斜不稳定状犹如原地形中不定斜率的坡壁。东侧球门后面是保留的采石场陡峭的石壁，超大屏幕立于悬崖之上，堪称欧洲球场之最；石壁的顶端修建了护栏可以俯瞰球场上的比赛，为没有门票的市民提供了免费"看台"；西侧球门后则是布拉加市的景色。石壁保持原有的自然形态，隐藏于柱、梁、楼板和电梯之间。

3. 英国伊甸园

开发模式：建设温室植物园，以保护濒危物种、旅游等功能为主。

主要设计理念和方案：伊甸园主要由 5 个穹隆温室直接覆盖石灰石边坡并顺应坡底的地形串联而成，随着地势起伏。其中建成的温室最高的约 55 m，是世界上最大的无梁柱支撑的温室；温室内的恢复地表土壤，种植珍稀植物，边坡采用退台与坡面结合的形式构建景观空间，组织参观流线。同时利用地势收集雨水，作植物日常灌溉。目前每年吸引来自世界各地的参观者约 120 万人次，名列全英十大著名休闲景点之一。

4. 法国 Biville 采石场

开发模式：在废弃地生态修复的基础上，建设一个带有 3.5 hm² 湖泊的休闲区。

主要设计理念和方案：将场地里的水流进行引导，使其汇聚到谷底形成一个湖泊，作为钓鱼休闲的场所。直线型的采石坑被改建成阶梯，方便游人从山谷顶部走到谷底。场地的每一部分根据其自然特色及适地适树的原则种植植物。保留了采石坑底部巨大的岩壁，成为该场地最具象征性的景观。

5. 加拿大圣米歇尔环保中心

开发模式：废弃采石场变为垃圾填埋场，继而开发为一个综合性公园，建设为一个集体育、文化、休闲类室外活动场所为一体的开放式公共公园。

主要设计理念和方案：环保中心的概念来源于场地性质的转变——由一个工业性质的采石场转变为综合生态公园，设计师通过足球中心的形状、表皮特征、与场地的对话、步道设置与视觉联系等方式，表达着整个项目的转型。建筑形态如起伏的场地般扭曲并与地面衔接，与场地融为一体。规划布局中，东北部是文化区，东南部是工商区，北部是教育区，西北部则是体育运动区。这些区域之间有 5 km 长的步行和自行车道相连，中间则是观景台。场地设计通过整合现有资源，最大限度地维持原有自然土壤，保留地表起伏的状态，并将凹陷的矿坑改造为人工湖，增加环境的多样性。

6. 加拿大布查特大花园

开发模式：废弃采石场改造为城市花园。

主要设计理念和方案：布查特大花园的低洼花园是在当年废弃的石灰石采石矿坑上兴建的，位于地面以下 15 m，依据地形特点，随积土设计建设了各类小径、石级，围栏外的斜坡均有名花覆盖，利用常青藤遮挡采石遗留的崖壁。场地中央突出的石灰岩是低洼花园最高的位置，被设计成可以俯瞰全园的观景台。

布查特大花园是国外早期的采石场再利用案例，那时景观设计还没有成为系统的学科，布查特大花园没有大兴土建，只是在原有场地上以植物栽培为主，随着植物的成长和绽放构成了繁花簇拥的美景。

7. 美国橡树采石场高尔夫俱乐部

开发模式：将原废弃的石灰岩采石场改造建设成集高尔夫和其他设施为一体的综合社区。

主要设计理念和方案：本项改造建设的关键是解决好区域内残留水泥窑粉尘及湖岸高处的绝壁加固问题。水泥窑粉尘被用作球场建设的填土，球道所用的表层土，大多是从之前采石场废弃材料中筛选出来或由现场其他区域搬运过来。利用高尔夫球场的起伏，将暴雨水排入人工湿地，而非直接冲刷入密歇根湖，具有极大的环境效益。在海岸线峭壁上修建高尔夫球场，使打球者可以在石灰岩开采遗留的峭壁峡谷间体验击球的乐趣。以高尔夫球场作为整体设计的核心元素，配套建设一座游艇码头、一家度假酒店及一系列的度假住宅。通过开发建设将开采遗留的荒地打造成为功能齐全的良性发展的美丽景观。

5.3.2 国内成功案例

1. 上海洲际世贸仙境酒店

开发模式：开发建设一个五星级度假酒店及配套的运动和休闲的室外活动场所。

主要设计理念和方案：酒店的主体"挂于"矿坑南侧石壁上，最深处达地平以下 70 m，酒店的主体结构与坑壁弧度相呼应，呈弧形。主体 19 层中坑口地平以上为 3 层酒店入口大堂、会议中心及餐饮娱乐中心等，坑内为 14 层标准客房与 2 层水下情景套房和餐厅等。每层客房均设有层层退后的景观露台，直对着离坑壁近百米落差形成的瀑布。矿坑顶端还建有一个悬挑的 U 字形玻璃观景平台，可俯瞰矿坑全貌，还有蹦极等活动体验。

2. 上海辰山植物园

开发模式：开发为综合休闲园区，集展览、休闲、科研功能于一体，包括温室、科普中心、休闲公园。

主要设计理念和方案：植物园内的西矿坑遗迹被改造为"沉床"花园，融入植物园中。矿坑花园充分利用原有的地形地貌，改造出深潭水池、崖壁瀑布等景观，通过石壁上的钢梯和浮于水面的木栈道组织坑内的步行游览路线。现有元素毛石、生锈的钢板等材料的运用展现了开采遗迹。崖壁上自然的褶皱与水体等条件营造了山水和谐共生的景观环境，同时自石壁出挑的钢栈道与入口又体现了现代工业的美感。

3. 徐州珠山宕口遗址公园

开发模式：改造为一处公共的城市景观公园，为城市居民提供一个休闲娱乐活动的场所。

主要设计理念和方案：重视对宕面的处理，掌握依形就势的原则，高处设置合理的景观节点，低洼处设置水景，相对开阔的宕面平地设置景观台，从而分别设计日潭、月潭、珠山瀑布、"天池"双湖等景观，再通过木栈道、山间云梯等元素将各个景点串联起来，突出表现原有宕口的奇峰异石与设计的景观节点间的完美结合，真正做到一步一景。

4. 绍兴东湖风景区

开发模式：改造为一处风景旅游区，以中国亭台水榭的古典山水园林造景手法为主，辅以一些配套服务设施。

主要设计理念和方案：东湖合理并充分地利用了原有的自然环境与人文资源，通过拓展水域围堤造湖，对高 50 m、长数公里的陡峭石壁因形就势的充分开发。在改善环境的同时，也创造了如乌篷船游湖、遗留湖洞体验、攀岩、登山等多样的旅游项目。古典园林的造景手法使人为开凿的痕迹自然地与山水融合。

5. 焦作缝山国家矿山公园

开发模式：改造为一处公共的城市山体公园，为城市居民提供旅游、运动与娱乐休闲等服务。

主要设计理念和方案：在原有地形地貌的基础上，利用现代化技术手段恢复破损山体的生态景观，同时采用因地制宜的设计手法，利用采石遗留下的边坡、石壁和矿坑改造成山水交融的景点。如在岩石边坡上间隔一定高度开凿平台，覆土种植植物同时引水成渠，形成水景与绿化共存、平台与坡面结合的景观空间；陡峭石壁与凹陷坑地结合形成瀑布与湖水连续的景观区域；广场、休息平台与阶梯多顺应地势布局；同时保留了部分开采设施的遗迹，展示矿业文明发展的历史等。

6. 厦门集志农庄

开发模式：发展建设休闲观光农庄或观光农业园，融入乡村文化，集合当地的民俗文化和农耕文化，打造主题文化景观，设置手工艺、民俗及农事体验活动，开发特色旅游商品。强化农家休闲，注重农家美食、休闲垂钓、农事体验等休闲产品。

主要设计理念和方案：集志农庄占地 70 多亩，集现代农业、观光休闲、度假养生、文创结合、互动体验等为一体，建有果园、餐饮及垂钓等休闲项目，环境优美。利用废弃采石场改造，既能避免农庄选址的限制，又能变废为宝享受补助。集志农庄为废弃采石场改造探索出了一条新道路，被誉为"变废为宝的绿色农庄"。

该地区由于大规模采石，山体遭受严重破坏，到处是残缺山林。农庄建设过程中利用这些残缺山体,采取自然造景的手法,设计了瀑布、凉亭、小桥流水、鱼塘、度假小屋、博物馆等。将废石运出或粉碎铺地或堆成假山加以利用,同时还将厦门北站建设挖出的红土移入农庄以种植苗木。

7. 宜兴华东百畅生态园

开发模式:改造成一座以现代生态农业文化为基础,以景点旅游、生态休闲度假为主题的综合性的生态休闲度假园。

主要设计理念和方案:在原有采石场遗址基础上,实施"残山剩水"改造工程,通过宕口复绿等工程将昔日的残山剩水再造成为一处以现代生态农业文化为基础,以景点旅游、生态休闲度假为主题的新型旅游休闲目的地,探索创造出新颖的制景模式。园区内先后建成道路 10 余公里,占地 1000 多亩的石料堆积场经过覆土已经变成了生机勃勃的果园。1000 多米的小山洞经改造变成了美丽的莲花步道。200 多亩的废弃水塘已经开发了各样的水上游乐项目。整个生态休闲园区已显山显水,初具规模。目前园区内设立的旅游休闲项目有瓜果采摘、登山、挖笋、垂钓、越野体验、餐饮、住宿等,并设立了江南果树品种研究机构。目前该地已成为宜兴山区一处知名的旅游休闲场所。

园区内代表性的景观改造项目如下。

(1)天池:原为历史矿山开采宕口遗址,水面面积 50 亩,存水量 60 万 m^3,有"天下第一秀水"之称。池内拥有百斤重量青鱼数百条,各种观赏鱼数千条,鱼儿戏水时有"天池碧波飘玉带"之景。

(2)石海:原为历史矿山开采宕口遗址,水面面积 100 亩,存水量 96 万 m^3,与天池夹湖对称相望,水体相连,环石海四周的沙石路面主游道及环石海石壁二层触水面的亲水栈道已建设完工,与马坞湖连接水体通道及投资 80 万元的石海大桥已竣工,可谓"天下湖泊数不清,唯有百畅石海景"。

(3)石林瀑布:原为遍体鳞伤的历史矿山开采遗址,景区紧扣"打造一个国家级的残山剩水修复的再造工程"主题,率先利用这块数千年地壳运动其强烈隆生独特的岩石层地貌景观,于 2008 年 5 月就地修筑起了此景点。石林长 130 m,宽 38 m,主峰高 18 m;瀑布开口宽 12.8 m,瀑高 6 m,共堆积太湖石 5.6 万 t,使昔日的残山废地变为独一无二的"幽、奇、险"景观,泄瀑时气势磅礴、场景雄伟,故赞之为"华东人工第一瀑"。

(4)岩石层石群:数千年地壳运动强烈隆生的岩石层是一处发育奇特的石灰岩溶地貌景观。岩石层犹如重叠不齐的一层层纸铺设在陡峭的山崖上,形成独一无二的"幽、奇、险"矿山石堡景观特色。

(5)应时鲜果采摘基地:该基地为江苏省丘陵山区高效农业开发试点项目,总面积为 1300 亩,其中应时鲜果采摘基地 500 亩,专供旅游团队集体活动采摘,基地已栽种桃、梨、大樱桃、葡萄、李、杏、枣、栗、日本甜柿等 20 多个品种的鲜果,全年可采摘时间达 7 个月。

第6章　砂石矿山生态破坏和环境污染

6.1　矿山生态破坏和环境污染分类

国内不少学者依据环境问题性质、矿种类型、开发阶段分别对矿山环境问题进行了分类研究，结果表明，矿产资源开发生态环境破坏的种类相当复杂，主要是由于开采方式存在差异、不同矿种的特征不一样、不同开采阶段生态环境问题的重点不同等（曲勃，2009；吴强，2008；武强 等，2005）。一般认为，露天开采的矿山扬尘、滑坡、占用土地等问题比较突出，而地下开采的矿山地面塌陷、地面沉降、地裂缝、地下水污染等问题较多；冶金矿山开采引起的环境质量型破坏，以及由此导致的生物型破坏，要比非金属矿更严重（吴强，2008）。

矿山开采引起的生态环境破坏可以根据环境问题性质、矿种类型、开发阶段三种不同的方面进行划分（武强，2003），但在实际应用中，根据性质划分矿山生态与环境问题是现阶段的主要做法，而不同矿种、不同开发阶段的矿山生态环境问题有其不同的重点和特征，在具体矿山生态环境损失评估中，应充分注意这种差异性。按照简单实用和可操作性原则，参考普通环境问题的分类方法和环境污染成本评估理论与方法（过孝民 等，2009），根据多数矿山共同性的生态环境破坏类型，确定矿山开采生态破坏和环境污染两大类，但针对具体矿山生态环境损失的评估，可选择根据此分类结合矿山实际情况，减少或增加评估的类型和范围。

（1）生态破坏，主要是指由于自然生态系统某一组成部分的功能遭到人为破坏或环境污染的影响，生态系统本身按正常规律运动的能力降低，异常变化增多，整个环境系统的发展呈现出越来越不利于人类生产、生活，甚至生存的趋势。生态破坏可以分为人为引起和自然引起两类，本书仅指人为的生态破坏。矿产资源开发造成的生态破坏，根据矿山所在地的实际情况，指对生态系统结构和功能的破坏情况。

（2）环境污染，主要是指自然的或人为的原因使某些化学的、物理的、生物的有害因素进入人类赖以生存的空气、水、土壤和食物中，导致环境各要素及整个环境系统的自净能力降低或丧失，并发生严重的质量退化，从而使其中的有害物质对人体健康和其他生物生命活动造成危害的现象。环境污染既可由人类活动引起，如人类生产和生活活动排放的污染物对环境的污染，也可由自然的原因引起，如火山爆发释放的尘埃和有害气体对环境的污染。本书所指的环境污染是指人类活动造成的污染，即人类活动所引起的矿山环境质量下降，而有害于人类及其他生物的正常生存和发展的现象。

6.2 砂石矿山生态破坏

6.2.1 景观破坏

砂石矿山在没有进行开采时矿区范围内的景观特征是较为原生的、均质的,矿区原有的生态系统通过生物之间或者生物与环境之间的相互影响和作用,在系统内部实现了相对稳定的状态,从而使系统具有可持续发展功能和自我保护恢复功能。

随着砂石矿开采活动的进行,矿区内包括露天采坑、排土场、工业场地、矿区道路、居民区等使得矿区景观被异质化,形成各种斑块,原生的景观逐渐呈破碎特征。矿区周边环境都遭受了不同程度的破坏,地面建筑、管道、坑洞、桥梁等设施都会变形甚至损毁(袁哲路,2013),地表也变得千疮百孔、满目疮痍,矿区原本的生态环境被彻底改变。矿山开采活动造成的破坏超出了自然系统的自我调节,大大降低了原有物种的适应能力。但是从另一角度看,矿山开采也给矿山废弃地留下了大量的视觉景观遗迹,使原本均质化的景观分裂成了包括矿坑、堆场、断壁等在内的各个独立的景观要素,这种由旧建筑物、废弃工业设施所构成的特殊的区域环境往往都具有很强的景观特征,这使矿山废弃地的景观重塑具备了不可复制的特性。矿山开采后形成了不同类型的废弃地,在城市规划区、旅游风景区、主要交通干线周边均可见裸露的矿坑,秀美青山满目疮痍,视觉污染强烈,城市风貌和景观资源受损严重(李志超,2017;袁哲路,2013)。

6.2.2 植被和耕地破坏

因砂石矿山开采造成的占用和破坏土地的情况主要有:露天开采挖损土地、尾矿场、废石场(排土场)压占原生植被和耕地,矿山的工业建筑、生活设施和道路等破坏原生植被和占用土地(钟爽,2005)。

挖损地是露天采矿中对植被和耕地的破坏最常见的形式。露天开采时,必须把矿层上的覆盖层剥离并搬走,因此地表植物和土层被完全破坏,采出矿层后,采掘场地会形成地面坑洼、岩石裸露的景观(刘浩田,2019;袁哲路,2013)。据相关资料显示,我国重点的金属矿山,约有90%以上是露天开采,每年剥离岩土约3亿t(吴欢 等,2003)。露天开采矿山废弃物(土、石、碴)堆放和加工、运输的场地压占和破坏大量土地资源,森林因开山采石而砍伐、农田因采矿或堆放矿山废弃物而被破坏和荒废,造成了大量的土地资源被浪费。然而矿产资源在开发时又不可避免地占用大量的土地资源。研究表明,如果矿区采用的是露天采矿方式,那其实际占用的土地面积会是矿区规划总面积的4倍以上(袁哲路,2013)。2014年国土资源部公布,我国因矿山开采累计损毁土地386.8万 hm^2,产生的固体废弃物存量累计达400亿t以上,并且逐年以数亿吨的速度不断增加(郑雅娴 等,2019)。可以说,矿山废弃物已经成为我国目前排放量最大的固体废弃物,占工业固体废弃物总量的80%(袁哲路,2013;李媛媛,2009)。

采矿过程中因为要对表面植被和土壤进行破坏性开发，使其原有的生态环境受到严重破坏，特别是作为物种源的大型植被遭到了破坏，使植物群落的生态结构因此受到严重损害，植被正常的演替过程被打断。这些因素都会使区域内部的生物物种的数量和质量大大降低，尤其是一些野生物种的数量和种类都将急剧减少，区域内生物多样性的比例也随之骤然降低。受损的生态系统的恢复也将因为生物多样性的减弱而变得更缓慢。

6.2.3　水土流失

砂石矿区水土流失的主要原因是矿山开采过程中破坏了水土保持设施和地貌植被，对该地区生态环境造成破坏，同时使自然状况下的土体稳定和土壤结构遭到破坏，土壤疏松、土壤可蚀性增加（肖军，2017；温久川，2012）。在砂石矿开采过程中形成的大量尾矿和废石一般运输到排土场与尾矿库，致使排土场成为松散堆积体，尾矿库成为裸露的堆积区域。在强降雨条件下，排土场和尾矿库区域容易在雨水冲刷作用下形成泥沙径流，进而形成水土流失（李刚，2019；钟爽，2005）。

砂石矿区水土流失危害主要表现：①破坏土壤肥力。砂石矿区水土流失过程中携带走颗粒少、肥力好的有机质表土，并且会造成植被生长依靠的氮、磷、钾等营养成分的流失，造成土壤营养失衡，土壤厚度降低，间接造成大面积的植被破坏。②河湖水库泥沙淤积。砂石矿开采形成的泥沙，随着降水产生的地表径流流入水库和湖泊中导致水库库容减少，对其蓄洪能力和泄洪能力产生较大的影响。泥沙流入河道中，使河床抬高，造成河道泥沙淤积，水质下降。③诱发地质灾害。砂石矿区的水土流失会诱发泥石流和滑坡等地质灾害。

6.2.4　地质灾害

地质灾害，包括自然因素或者人为活动引发的危害人民生命和财产的山体崩塌、滑坡、泥石流、地面塌陷、地裂缝、地面沉降等与地质作用有关的灾害。

由于众多中小型采石矿山均采用原始的斜坡式开采，形成的陡壁斜坡、掌子面、矿坑和废弃物堆积物改变了山体及其周围地形地貌的稳定性，在开采过程中和闭矿后发生崩塌、滑坡、泥石流的频率最高。地质灾害主要危害矿工生命安全，有时造成几十人甚至几百人死亡，破坏采矿设施、设备，影响采矿生产，破坏矿产资源、土地资源、水资源和矿区环境（李刚，2019；李志超，2017；袁哲路，2013）。

6.2.5　河道采砂破坏

（1）影响水生态环境。河道采砂对水生态环境带来很大的影响，污染水源，弱化湿地调节功能，打破水生生态系统平衡，从而导致湿生植被种群随其生境面积减少或丧失，减弱了水域生态系统的自我净化和富集污染物质的能力。此外，采砂对河流水体生物多样性也会造成严重威胁，致使水生动植物数量锐减，尤其是部分珍贵的水生生物存在灭绝的风险。不断地挖掘河床，搅动河水，使河水变得常年浑浊泛黄。采砂船燃油、机油渗入河水，导致河面大片油污漂浮，污染河道中饮用水水源地（李廷艳，2016）。

（2）影响河堤和防洪安全。采砂导致河水沿河堤根部流淌，河水严重下切河床，造成河底和堤顶高差持续增大，形成深槽迫岸态势。由于河床下切、河势改变，部分河段主航道发生偏移，偏向堤脚且冲刷严重，直接危及堤防根基，对大堤的稳定和安全构成了严重威胁。河沙开采使河床变得又宽又深，河水水位低于引水渠道，破坏农田，影响农田灌溉（李廷艳，2016；刘兴海，2014）。

（3）影响桥梁和通航安全。过度采挖河沙造成河床刷深，容易造成桥梁基础外露，甚至造成桥梁崩塌；在航道内乱采乱挖河沙，会破坏航道的自然形态，改变航道两岸固有的河势，使本来比较好的航道变得复杂，最终使通航受阻；采砂船打失航标，占据锚地，干扰助航设施的正常运用，影响航道正常维护；采砂船挤占航道，易发生海损事故（李廷艳，2016；刘兴海，2014）。

6.3 砂石矿山环境污染

6.3.1 大气环境污染

当前，我国大气污染形势严峻，以可吸入颗粒物（PM_{10}）、细颗粒物（$PM_{2.5}$）为特征污染物的区域性大气环境问题日益突出，损害人民群众的身体健康，影响社会和谐稳定。随着我国工业化、城镇化的深入推进，能源消耗持续增加，大气污染防治压力继续加大。露天开采过程中的主要大气污染物是粉尘，粉尘主要来自凿岩、爆破、矿石（废石）堆场和运输等作业环节（端木天望 等，2017）。采矿活动虽不是主要的大气污染源，但它仍然会造成区域性的大气污染，影响周边区域的空气质量与人居环境。

砂石矿开采和加工过程中产生的扬尘，以露天堆积的表土和废弃岩石经风化破碎后产生的大量粉尘为主，这些粉尘随风到处飘扬，严重污染大气。同时，降尘也会损害矿区的机械设备，破坏景观。大面积的飘尘会吸附空气中的有机毒物，进而损害人体健康（董佳伟，2017；端木天望 等，2017）。另外，大气中的污染物会通过气孔进入叶片并溶解在叶肉组织中，通过一系列的生物化学反应对植物的生理代谢活动产生影响，所以植物受害症状一般都出现在叶片。污染物不同，植物受害的症状也是有差异的（端木天望 等，2017）。

6.3.2 水环境污染

水污染主要有地面建设产生的施工废水和施工人员产生的生活污水。少部分砂石矿山矿石含有杂物，因加工生产排废而造成水资源污染。这些污染物随地表径流或者地下渗流而迁移进入水体，造成区域水污染，并破坏土壤、植被。除以上化学污染水资源外，矿山产生的大量粉尘也对地表水资源造成一定的影响（王琪 等，2017；袁小琴 等，2007）。

6.3.3　噪声污染

砂石矿区噪声污染的主要特点是强度大、声级高、噪声源多、干扰时间长及连续噪声等。

噪声污染主要是在矿山开采过程中由爆破、破碎、筛选等工序产生的。采矿过程中噪声污染源主要是施工机械施工作业噪声和运输车辆噪声。砂石生产线中，不少设备容易产生噪声污染，其中破碎机、筛分机等更是噪声污染的重灾区，需要采取综合治理方式。声音只有对人们的生产、生活带来影响时，才能称为噪声污染，因此，在砂石生产线的地形选择中，要注意远离人群密集的区域，尤其是在设计规划时，需要充分利用地形、地物，如山坡、山丘、树林等自然环境，因地制宜地阻隔噪声的传播途径（贾莹，2017；朱紫微，2017）。

第7章　砂石矿山生态修复技术与环境污染防治技术

7.1　生态修复技术

7.1.1　景观重塑技术

在高强度的采矿活动干扰下，矿区景观由原来的健康森林、草地或农田等景观退化成破碎化的景观，景观的功能下降，景观的稳定性降低，生态系统的生产力下降，生物多样性减少或丧失，土地养分维持能力和物质循环效率降低，以及外来物种入侵和非乡土固有优势种增加，严重影响了矿区的人居环境，降低了当地居民的生活质量，已远远不能满足可持续发展的需要。

景观重塑技术是指运用生态恢复技术与景观设计策略对具有社会价值、生态价值、经济价值和科学研究价值的废弃地空间进行改造利用和价值重现。矿山废弃地的景观重塑具体来说就是在矿山开采之后，将矿山由不适合耕种、旅游生态遭破坏的环境重塑成一个可供复垦、旅游和植被重新生长的新景观，一个可持续的高稳定景观，以满足人类生活的需要，使其生态得到恢复，从而再现矿业文化的社会价值与艺术价值（袁哲路，2013）。

根据废弃地的来源不同可将废弃地分为采矿场废弃地、排土场废弃地和其他类废弃地（厂房、道路占用的废弃地）（宋丹丹，2012；虞蔚君，2007）。在采矿过程中各类型废弃地占用土地的情况不同，其中采矿场和排土场占用土地面积最大，在进行景观重塑改造时主要是针对这两类不同废弃地类型提出相应的重塑改造方式（宋丹丹，2012；郑敏 等，2003；王永生 等，2002）。

（1）废弃矿坑的改造和再利用。废弃矿坑是采矿活动后留下的人为废弃地。在对矿坑改造的多年探索中，景观设计师也积累了很多的方法。从用以储存物品到改造成博物馆、档案馆，再到旅游开发、坑塘养殖、矿坑土地复垦再利用等，矿坑改造的方法也日益多元。这些因地制宜的方法使得矿坑这一原本废弃的资源重获价值。例如，英国伊甸园、上海洲际世茂仙境酒店等，都是在废弃矿坑的基础上进行景观重塑与改造的。

（2）排土场的改造和再利用。在景观改造时可以通过保留、艺术加工的方式，将场地上独特的地表痕迹保留下来；可以将排土场因形就势地进行地形改造，丰富空间层次，然后在上面进行覆土或基质改良，作为农业或林业用地，营建优美空间环境。近年来，国外在废弃的排土场上建起了赛马场、高尔夫球场、网球场等，颇受社会各界的欢迎，为我国排土场的改造提供了很好的经验。

（3）原有场地材料的应用。在矿山废弃地生态恢复与景观营造过程中，恢复受损的生态环境和传承矿区人文内涵是极其重要的两个内容。其中，对原有材料的再利用就是一个非常有效的方法，不但能节约资源，而且能体现物质与能源循环利用的生态设计理念，最大限度地发挥材料的潜力。例如，德国海尔布隆市砖瓦厂公园，利用原有的砾石作为道路改造的基层或挡土墙的材料，将石材砌成挡土墙，将旧铁路的铁轨作为路缘，这些废旧物在利用中都获得了新的表现，从而也保留了上百年砖厂的生态和视觉特点。

（4）原有场地工业设施的利用。废弃矿山设施包括场地中废弃的建筑、构筑物、设备、仓储设施等。如果将其全部拆除，需要花费大量的资金，因此在景观改造的过程中，通常采取保留、再生、利用的设计手法，使其成为场地景观的一部分。例如，设计师查德·哈格（Chard Haag）在对西雅图煤气厂公园景观改造的过程中，在充分尊重历史和基地原有特征的基础上，把原来的煤气裂化塔、压缩塔和蒸汽机组保留下来并将它们染成红、黄、蓝、紫等不同颜色，用来供人们攀爬玩耍，实现了原有工业设施的再利用。

（5）原有场地空间的利用。矿山废弃地上原有的地形、建筑和设施是其重要的景观特征，在进行改造时要尊重场所特性，适当保留，并赋予其空间新的使用功能，减少对历史景观的破坏。这种处理方法不仅可以体现场地特性，而且减少了营造的成本及生产、加工、运输产生的消耗，同时减少了对环境的破坏。例如，黄石国家矿山公园把原有空间高大的厂房改造为餐厅、咖啡厅、茶室等，既实现了原有空间的再利用，同时也增加了休闲活动的矿业气氛，是展现矿业文化的良好途径。德国诺德斯特恩公园在以前煤炭混合车间、输送桥和储煤仓库的基础上创造了"声音艺术之屋"的艺术作品，成为今天游人普遍使用的空间。这种处理方式不仅实现了资源的优化重组，而且提升了整个地区的环境品质。

7.1.2　次生地质灾害防治技术

砂石矿区废弃地次生地质主要包括滑坡、泥石流、崩塌三种类型，其防治工作并非一朝一夕便能完成，而是一项需要时间和技术才能完成的烦琐工作。而且，露天矿山地质灾害所涉及的范围较广，破坏力强，会对土地资源和生态环境造成不可逆转的负面影响。我国每年资源开采数量在世界前列，同时产生的地质灾害造成的经济损失也是非常严重的，对矿山周边居民的生命安全及居住环境造成了很大影响（王英，2018；贾林，2018）。露天开采、地下采空和边坡开挖不可避免地影响了山体和斜坡的稳定性，极易造成崩塌。矿山排放的废土废渣、尾矿石等常与泥土混合就近堆积在坡缘或沟谷内，几类岩土相互作用使得废石、废碴的摩擦力和透水性变小，这些松散物质在暴雨时节极易发生滑坡和泥石流（潘晓锋 等，2018；李志超，2017）。据不完全统计，仅采矿塌陷、崩塌、滑坡和水土流失等破坏土地总计 $10 \times 10^8 \, m^2$ 以上，每年经济损失几十亿元。因此重视对露天矿山地质灾害的成因分析与等级划分，并快速地寻求科学有效的预防解决对策对环境和经济的发展具有重要意义（王英，2018；郑涛，2018）。

（1）崩塌的防治措施。第一，根据矿山的实际情况，对边坡参数准确计算，科学设计开采、施工方案。开采过程中，开展实时监测工作，及时了解边坡变化，如果在矿山开采过程中发现边坡变形的情况，必须及时进行处理，采取支挡、铆固等加固保护措施，提高边坡稳定性。第二，对已经发现问题的灾害位置，在正式开采前必须做好加固措施，尽量消除可能存在的地质灾害因素。第三，加强基础保护，在项目区合理布置截、排水沟，确保雨水的有效排放。第四，加强教育培训，确保技术行为能够符合规范标准要求，严格按设计进行开采，禁止乱采乱挖行为。对露天矿山崩塌的防治首先应该从潜在的崩塌体开始抓起，即对潜在的崩塌体因素进行彻底消除，以免后患无穷。而崩塌体一般分为三种规模：首先是规模比较小的潜在崩塌体，这种崩塌体可以采用人工清除的办法进行清除；其次是规模中等的潜在崩塌体，可以在坡脚和半坡合适的地方做落石平台或者设置防护网等，这样当崩塌体发生崩塌时就能够给予它们一定的阻力不让其一直崩塌下去；最后是规模较为庞大的崩塌体，可以采用控制爆破的方法对这些崩塌体加以控制。

（2）泥石流的防治措施。泥石流是露天矿山最常见的地质灾害之一，在治理泥石流的过程中，应该从几个方面进行：一是保护露天矿山周围环境的植被，确保泥土的稳固性，在进行矿产开采时，禁止过多破坏植被，必要时还要在植被遭受严重破坏的地区人工种植植被，以此确保生态环境的平衡和稳定性；二是对矿山固体废弃物的排放应该控制排放量；三是对固体废弃物堆放较严重的沟谷地带应该人工或者利用设备进行疏导工作，要采取一定的防护措施来确保岸坡的稳定性，不能让其进一步发生垮塌。

（3）滑坡的防治措施。露天矿山滑坡的防治主要从三个方面进行：一是土质滑坡的防治；二是岩质滑坡的防治；三是截排水工作。在土质滑坡防治的过程中，如果是人工开挖后形成覆盖层导致的土质滑坡，重力式抗滑挡墙则是最好的防治手段；如果土质滑坡是中厚层的，那么抗滑桩则是最佳选择。而对岩质滑坡的防治，应该从以下几个方面着手：一是对开挖台阶的高度和坡面角要严格按照矿产开挖的标准要求，不能随意地进行开挖工作。二是对高陡岩质边坡应该采取措施对其进行巩固，如采用抗滑桩等。三是加强基础保护，在项目区合理布置截、排水沟，确保雨水的有效排放。

7.1.3　林草恢复技术

1. 植物群落类型选择

矿山废弃地植被恢复是废弃地生态环境修复的重要基础，所以植被的选择很重要。不同类型的废弃地选取不同的植被（表7.1），通过不同的植物配置模式因地制宜地进行废弃地修复（杨辉，2019）。一般情况下，高陡岩质边坡首先以建立草本型或草灌型植物群落为宜。植物群落的建立应根据其与自然的协调性进行论证。与自然协调的植物群落需满足三个基本条件：植物的生物学、生态学特性适应于自然；植物群落所具有的功能近似于自然；植被的景观近似于自然（卢春江，2018）。

表 7.1　植物群落类型、特征及适用场所

类型	主要特征	适用场所
森林型	以乔木、亚乔木为主要组成树种而建造的植物群落,树高一般在 3m 以上	周围为森林、山地、丘陵、城镇等场合
草灌型	以灌木、草本类为主要物种而建造的植物群落,其中灌木高度一般在 3m 以下	在陡坡、易侵蚀坡面及周边为农田、山地等地
草本型	以多种乡土草或外来草为主要物种而建造的植物群落	除可用于一般坡地外,还适用于急陡边坡、岩石边坡等
观赏型	以草本类、花草类、低矮灌木及攀援植物为主要物种而建造的植物群落	适用于在城市、旅游景点等人口聚集区的边坡

2. 常用植物

目前,排土场植物的配置模式有草、草-灌、草-灌-乔几种,常用植物习性及栽培技术见表 7.2 和表 7.3。

表 7.2　常用植物习性及栽培技术(草本类)

名称	生态习性	栽培技术
黑麦草	喜温暖湿润,夏季要求较凉爽的环境。抗寒、抗霜而不耐热,耐湿而不耐干旱,也不耐瘠薄	通常用种子播种繁殖
高羊茅	适应于多种土壤和气候条件,是应用非常广泛的草坪草。有强的抗热性,较抗寒,耐阴。耐湿又较抗旱,耐刈割,耐践踏,被践踏后再生力强。耐酸碱能力强,能良好地适应 pH 为 4.7～8.5 的酸碱土壤	播种繁殖
结缕草	适应性强,喜光,抗旱,耐高温,耐瘠薄,抗寒,但不耐阴。阳光越足,生长越好。在光照充足的开旷地则健壮坚实,叶色深绿,发亮,草层密集均匀,反之则细弱,淡绿,稀疏而不齐,但在轻度遮阴的条件下也可生长	播种和无性繁殖均可
狗牙根	喜光稍耐阴,在光照良好的开旷地上,草色浓绿,草层厚密,长势旺盛,而林下长势较弱。耐践踏,草层厚密,弹性好,再生力强,刈割后其地上部残茬能继续生长,切断的匍匐枝能重新生根成活。喜排水良好的肥沃土壤	繁殖方法有播种、草皮切块和根茎切段等
白三叶	喜温凉湿润气候,耐半阴,不耐干旱,稍耐潮湿;耐热性稍差,抗寒能力较强。生长适宜温度 19～24℃,适应性强,四季常绿。在夏季高温干旱下,部分叶片边缘有焦枯现象。耐修剪,再生能力强,生长迅速,覆盖力强,抗杂草性强	该草繁殖容易,既可种子繁殖又可营养繁殖,注意防虫
紫苜蓿	喜温暖半干旱气候,耐寒性强。由于根系入土深,能充分吸收土壤深层水分,故抗旱力很强	种子繁殖

表 7.3 常用植物习性及栽培技术（灌木类）

名称	生态习性	栽培技术
迎春花	喜光，稍耐阴，抗旱力强，不择土壤而以排水良好的中性沙质土最宜。浅根性，萌蘖力强	以扦插为主，也可压条和分株
紫穗槐	喜光喜湿，耐干旱，耐瘠薄，耐碱性土，耐寒，也耐阴，是抗性较强的植物。耐修剪，管理粗放，可以通过控制株高来增加萌生枝和扩大覆盖面积	多采用播种繁殖，于春季进行
紫叶小檗	喜温暖湿润和阳光充足的环境。耐寒，耐干旱，不耐水涝，稍耐阴，萌芽力强，耐修剪。土壤以肥沃、疏松和排水良好的沙质壤土为宜	主要用播种和扦插繁殖
小叶女贞	性强健耐寒，萌蘖性强，耐修剪，抗有害气体能力强	以播种为主，扦插和分株为辅
连翘	喜温暖湿润和阳光充足的环境。耐寒又耐旱，略耐阴，怕积水，萌发力强，耐修剪。生长适宜温度为20~25℃，冬季温度不低于-10℃。土壤以肥沃、疏松的钙质土壤为宜。根系发达，耐瘠薄土壤	常用扦插、播种和分株繁殖
大叶黄杨	喜温暖湿润和阳光充足环境。适应性强，耐寒，耐干旱、瘠薄和半阴，极耐修剪整形。生长适宜温度为18~25℃，冬季温度不低于-10℃。以肥沃、疏松的沙质壤土为宜	扦插、播种、压条均可，以扦插为主
夹竹桃	性喜阳光，好温暖湿润气候，不耐水渍，不耐寒冷。根部发达，能深入土层，耐旱力强，适应性强，立地要求不高，肥瘠干湿均宜，容易栽培管理	以扦插为主
黄花槐	喜光，稍耐阴、耐瘠薄，不耐涝，适合在土壤肥力中等、疏松、排水良好的条件下栽培。但在微酸、中性、偏碱土壤条件下均能良好生长。耐寒性强，病虫害少。出苗迅速，生长势强，当年开花结果	主要用种子繁殖

3. 种植方法

一般采用穴植和播种的方法。穴植法又分为带土球栽植、客土造林、春整春种、秋整春种等栽植方法。带土球栽植即实生苗带着原来的生植土种植；客土造林即每穴中都换成适于植物生存的土壤后种植树种；春整春种即春季造林时整地与植苗同时进行，造林时间宜早不宜迟；秋整春种是指造林前一年秋季提前整地，翌年春季造林（卢春江，2018）。

典型植被恢复方法的简介如下。

1）挂网客土喷播法

挂网客土喷播法是从国外引进的一项适合在贫瘠土及石质边坡上进行植被建植的新技术，即将客土（生育基础材料）、纤维（生育基础材料）、侵蚀防止剂、缓效性肥料及种子等按一定比例配合，加入专用设备中充分混合后，通过泵压缩空气喷射到坡面，形成所需的基层厚度，以实现绿化的目的。此技术可根据地质与气候条件进行基质和种子配方，从而具有广泛的适应性，多用于普通条件下无法绿化或绿化效果差的边坡。客土可以由机械拌和，挂网实施容易，施工的机械化程度高，速度快，且植被防护效果良好，基本不需要养护即可维持植物的正常生长。该技术已逐步在废弃露采矿山岩质边坡绿化中得到广泛应用（曹立雪 等，2018；易亚平，2013；黄燕，2012）。

主要技术要点如下。

边坡条件：一般用于稳定的土质边坡及较陡的岩质边坡和废矿堆场边坡。岩质边坡坡度角不大于 55°。边坡较高的坡面，宜设置台阶，台阶高度以不超过 20 m 为宜，以免由于承载过重造成镀锌铁丝网撕毁或脱落。

施工季节：施工宜在春季和秋季进行，应尽量避免在夏冬特别是寒冷季节施工，以保证种子的发芽率及苗木的成活率。

坡面清理：主要清理片石、碎石、杂物，刷平坡面，为铺平铁丝网打好基础。坡面的凹凸度最大不超过 ±300 mm。对于光滑岩面，需要通过加密锚杆或挖掘横沟或打植生孔等措施进行处理，以免客土下滑。对于个别反坡，可用草包土回填。

铺挂铁丝网：采用不小于 14 号镀锌铁丝，网眼边长不大于 50 mm，网面需向坡顶延伸 0.5～1.0 m，开沟并用桩钉固定后回填土或埋入截水沟中。坡顶固定后，自上而下铺设，网与网之间采用平行对接。

固网：网边搭接以平行连接为好，用边缘网眼左右挂入锚杆并扎紧，左右两片网之间重叠宽度不小于 100 mm，重叠处锚钉间距 200～300 mm，两网之间的缝隙需用铁丝扎牢。锚杆按 0.50 m 间距布置，孔向与坡面基本垂直。将锚杆埋入锚孔后用水泥砂浆灌注孔穴，以牢固锚杆。对于表层为碎石土的边坡，在边坡平整压实的情况下，锚杆锚入下部稳定层（基岩）深度不小于 0.20 m。

喷混材料：喷混材料组成主要有土壤、有机质、化学肥料、保水材料、黏合剂、pH 缓冲剂等，混合后有机物含量宜为 40%～50%，碳含量宜低于 30%。

喷播：一般喷播厚度不大于 10 cm，应分两次进行。首先喷射不含种子的混合料，厚度为 80～100 mm，接着喷射含有种子的混合料，厚度为 20～30 mm。

初期养护：盖无纺布、草帘或遮阳网，在喷射后覆盖无纺布以防止雨水冲刷和阳光暴晒；在种子损失严重的情况下，实施补播。喷灌透水，水要喷透，但不能产生水土流失和坡面径流，防止基底材料被冲垮。由于常绿乔、灌木种子发芽率较低，在喷播结束后及时进行常绿品种乔、灌木苗木的补栽，密度为 8～12 株/m^2，苗木高度约为 1 m。

2）鱼鳞坑种植法

在露采边坡岩体裂隙较多、边坡坡面平整度较差，岩质疏松、沟槽面积较大或陡坡下部的平台区域以 2 m×2 m 左右的密度开凿或砌筑鱼鳞坑，并于其内覆土种植乔木、灌木、藤本等。一般坑穴面积约为 0.50 m^2（直径约为 0.80 m），坑深在 0.60 m 以上。砌筑结束后，及时做好墙体水泥凝固期内的养护工作（卢春江，2018）。

3）种植槽复绿法

种植槽复绿法是主要针对坡面陡而无法进行鱼鳞坑种植的坡面进行绿化的手段（陆瀛 等，2016；秦品光 等，2013）。首先对边坡坡面进行清坡修整，消除崩塌隐患和清除浮石、悬石；然后沿水平方向按一定密度锚入锚钉，使锚钉与坡面成 45°，并加横筋，形成种植槽的钢筋框架。在钢筋框架下垫一块模板，制作现浇种植槽，要求种植槽与岩面完全密封。

将营养土填入槽内，按一定株距栽种选定的苗木并撒播草种。按上下间距 1 m，每隔 40 cm 用 Φ30 钻头与坡面成 45° 打孔，孔深为 500 mm。在钻孔内锚固 Φ20 螺纹钢材（作为主筋），外露 500 mm，并用 1:2 水泥砂浆进行锚固。然后，用 Φ8 光圆钢材加横筋（作为分布筋），用铁丝扎牢。用 C20 混凝土现浇种植槽，种植槽的规格为厚 80 mm，质量要求横直平竖。

4）液压喷播法

液压喷播法是国外近十多年开发的一项边坡植物防护措施（又称为水力播种法），即将草籽、肥料、种子黏着剂、土壤改良剂等按一定比例在混合箱内配水搅匀，通过机械加压喷射到边坡坡面的一种建植草坪的技术。该方法不需挂网，施工简单、速度快（一台喷播机可植草坪 5 000～10 000 m²/d），防护效果好（60 d 内基本覆盖、1 年生态成型），工程造价较低。液压喷播法适用于边坡小于 45°，岩层表面较粗糙且凹凸不平的岩面（杨䶮䶮，2012；吴和政 等，2007）。

利用自然降雨或人工洒水进行平衡，平衡后分阶段进行植被恢复工作：第一阶段以速生的先锋植物为主，主要选择阳性、抗逆性强的草本、豆科植物，迅速固土蓄水，遮阴防晒、改良土壤；第二阶段根据总体生长情况和成活效率，补种其他耐性植物，以形成相对稳定的植被群落，逐渐实现自然演替。

5）覆土绿化

对矿山开采后形成的面积较大、比较平坦的矿场或其他较为平整的场地，经地形测量后，进行场地的挖填设计，控制土地高程，确定土地边界，对土地进行平整，配土覆土，根据恢复土地利用类型确定回填土层厚度。回填 20 cm 以上的种植土，种植先锋固土的草本和灌木；回填 80 cm 以上的种植土，种植草本、灌木、乔木。该方法适用于稳定的土质边坡、卵砾石边坡或软岩质边坡，坡度范围为 0°～30°。

优点：技术简单可行，覆土后可种植农作物、乔灌草等，能有效保持水土和地表的抗冲刷能力，有计划地逐步改良土壤土质，实现耕地、林草地指标的占补平衡，具有一定的景观价值并减少了扬尘。缺点：适用局限性大，仅可用于 30° 以下的缓坡（曹立雪 等，2018；魏观希，2015）。

6）挡墙蓄坡绿化

对于高陡、坡前具有回填空间的边坡，可在坡前修建挡土墙，墙后回填渣土蓄坡，回填坡度不大于 30°，挡土墙可根据回填方量选择砖砌挡墙、浆砌片石挡墙、毛石混凝土挡墙等。蓄坡后覆种植土，种植草本、灌木、乔木绿化。该方法适用于岩质边坡（中软岩最佳），坡度范围为 50°～80°。优点：技术简单可行，成本较低，使用寿命长。缺点：人为痕迹重，对渣土回填压实度要求较高（曹立雪 等，2018；王腾飞，2017）。

7）开凿平台绿化

对于完整性较好的岩质边坡，可在边坡上开凿不同尺寸的平台，在平台前缘修建挡土墙，墙后覆土，种植草本、灌木、乔木绿化（曹立雪 等，2018）。

8）边坡钻孔绿化

在陡坡坡面上钻凿直径 200 mm、深 500 mm 的钻孔，在孔中填入配制好的营养基，在每孔种植 3～5 株爬藤类植物，并人为干预爬藤覆盖。该方法适用于硬土质或风化程度较高的石质边坡，坡度范围为 60°～80°（曹立雪 等，2018；王腾飞，2017）。

9）燕巢复绿法

在陡坡坡面上凿出平面 300 mm×300 mm、深度 400 mm 的方形燕巢，在巢中填入营养基，每个燕巢中植入 3～5 株爬藤幼苗，后期人为干预爬藤的覆盖方向。该方法适用于中软岩及风化程度较高的边坡，坡度范围为 50°～80°。优点：适用范围广，技术简单，成本较低。缺点：施工难度较高，绿化率较低，施工时需特别注意施工人员的安全（史春华 等，2009）。

10）生态袋绿化

生态袋绿化法是一种新型生态护坡方法。该方法是用充填土的生态袋组成挡土结构，通过锚杆固定在陡坡上，生态袋之间由抗老化的连接袋相互连接，形成整体柔性结构；在生态袋内外立面采用混播、喷播、压播、插播进行绿化，形成整体的生态柔性挡土结构。植物根系在这种新型软体边坡自由生长进入岩土基层，从而达到绿化效果。主要有两种方法进行施工，堆叠法和长条形法。优点：适用范围广，施工技术简单，成本较低，可快速实现绿化效果。缺点：后期需大量的水和人工进行养护（曹立雪 等，2018）。

11）生态草毯绿化

将边坡上的石块等清除后，在坡面上覆土并人工进行再平整。按照比例配制灌木种子和草种，掺砂后均匀撒播。覆盖草毯，修筑横向和纵向的排水系统后，加强后期洒水养护。该方法适用于稳定的土质、卵砾石或软岩质边坡，坡度范围小于 35°。优点：技术简单可行，成本较低，可快速实现绿化效果，后期草毯分解后自动成为有机肥料。缺点：适用局限性大，仅可用于 35° 以下的缓坡（曹立雪 等，2018；王腾飞，2017）。

12）飘台绿化

通过在岩质坡面上钻孔，将锚杆与坡面呈一夹角锚入岩体中，上部浇筑成钢筋混凝土板，使之与岩质坡面呈 "U" 形或 "V" 形，然后在里面覆种植土，种植灌木或藤蔓植物等，使坡面达到绿化效果。优点：对硬度大、表面平滑、高陡、不利于植物根系生长的岩质坡面进行复绿，保水保肥性能好。缺点：施工难度和安全风险较大，遇坡面风化、钢筋腐蚀等情况可能造成局部坍塌，存在安全隐患，不宜用于人类活动频繁的地方，如道路、房屋等建筑周边（张博文 等，2018；王腾飞，2017；郑思光 等，2017；史春华 等，2009）。

13）植生混凝土绿化

植生混凝土绿化是指采用特定混凝土和混合植物种子配方，对岩质边坡进行防护和绿化的一种新型方法。针对大于 60°的高陡岩质边坡防护和绿化，以水泥为黏结剂，加上植被混凝土绿化添加剂、砂壤土、植物种子、肥料和水等组成喷射混合料进行护坡绿化（王腾飞，2017；杨鞹鞹，2012；吴和政 等，2007）。

优点是采用水泥增强护坡强度和抗冲刷能力，能快速营造出适宜植物生长的环境，较好地解决了岩质边坡防护和快速绿化问题，并且在混凝土、植被与基材的共同作用下，增强了基材的抗侵蚀性，能有效保障植被快速成型及生态稳定性，并且该方法机械化程度高，生产能力大，施工采用干式喷锚机进行喷播，喷射距离远，喷射层有一定的强度且不易产生龟裂，抗冲刷能力强，特别适用于陡峭岩石边坡。

7.1.4　土壤改良技术

采矿活动中所产生的生态环境破坏首先是土壤退化，导致土壤环境因子发生改变，如土壤理化性质遭到破坏、微环境改变、结构变异、养分流失、保水保肥功能丧失、抵抗有毒有害物质能力降低等。

恢复矿区生态系统功能，首先要创造适合植被生长的土壤环境，土壤是植物和微生物生存的基质，矿区土壤限制植物生长的主要因素是基质结构性差、营养成分缺失。基质改良技术主要有物理修复技术、化学修复技术、生物修复技术等（谢计平，2017；莫爱 等，2014；Khan et al.，2000）。

1. 物理修复技术

物理修复技术是指用物理方法（如隔离法、填土覆盖、固化、电动力学技术、热力学技术、玻璃化、热解吸等）进行对污染土壤的治理。

隔离法：主要使用各种防渗材料，如水泥、黏土、石板、塑料板等，把污染土壤就地与未污染土壤或水体分开，以减少或阻止污染物扩散到其他土壤或水体。常用的有振动束泥浆墙、平板墙、薄膜墙等（谢计平，2017）。该方法常应用于污染严重并易于扩散且污染物又可在一段时间后分解的情况，使用范围较为有限（莫爱 等，2014）。

电动力学技术：周鸣等（2014）研究表明，电动力学技术可以同时去除土壤中的多种重金属污染物，在阴极添加乙二胺四乙酸（ethylene diamine tetraacetic acid，EDTA）能提高修复过程中的电流，强化电动力学修复效果。0.1 mol/L 的 EDTA 污染土壤中的总铜、总铅和总镉的去除率分别是 90.2%、68.1%和 95.1%。

固化：朱佳文等（2012）在对湘西花垣铅锌尾矿砂中镉、铅、锌使用石灰和磷酸一铵等钝化剂后，发现对镉、铅、锌的移动性和生物有效性有明显的影响和固化效果。Chen 等（2003）研究表明，向土壤中加入不同形式的磷改良剂，能有效地将土壤中的铅从非残渣态转化为残渣态，从而降低土壤中铅的移动性与生物有效性。

填土覆盖：一般认为，回填表土或客土覆盖能有效对土壤理化性质进行改良，特别是引进氮素、微生物和植物种子，能为矿区植被重建提供良好的基础条件。卞正富等（1999）发现，通过条带式覆土或全面覆土，能有效控制矿石酸性问题。李若愚等（2007）发现，采空区充填后，上部覆盖 30 cm 的黄土，用于造林和种植，能取得良好的综合效益。

物理修复技术虽有修复效果好的优点，但其修复成本高，修复后较难再农用。因此，该技术仅适用于污染重、污染面积小的情况（谢计平，2017；莫爱 等，2014）。

2. 化学修复技术

化学修复技术是指通过添加各种化学物质，使其与土壤中的重金属发生化学反应，从而降低重金属在土壤中的水溶性、迁移性和生物有效性（莫爱 等，2014）。

黄细花等（2010）发现，可以利用抽出与处理技术处理污染淋出液，在深层土壤添加固定剂，能有效固定从耕作层淋出的重金属，且被固定的重金属很少被后期的降水等再淋洗出来，能很好地控制地下水造成的环境风险。在云南省个旧古山选矿厂尾砂库的研究发现，基于综合毒性削减指数和经济成本，选择在 1∶6 土水比 2 次洗 3 h 的技术条件下，0.1 mol/L 的 EDTA 是合适的高效淋洗剂（朱光旭 等，2013）。α-淀粉酶是较理想的重金属络合剂，对酸提取态、可还原态和可氧化态的重金属有一定的去除效果（林维晟 等，2015）。施加钙盐，能显著降低植物对重金属的吸收，调节土壤 pH，降低重金属含量，同时还能改善土壤基质水的渗透性能，提高植物产量（魏远 等，2012；周航 等，2010；Davis et al.，1995）。另外，添加营养物质可提高土壤肥力。矿山废弃地恢复初期，施肥能显著提高制备的覆盖度，特别是在无表土覆盖的矿地（张鸿龄 等，2012）。

3. 生物修复技术

目前，生物修复技术主要包括植物修复技术、微生物修复技术、动物修复技术、生物材料修复技术及四者之间的组合技术。此外，还包括物理、化学、生物联合修复技术（Fayiga et al.，2007）。

（1）植物修复技术是指利用植物来转移、转化环境介质中有毒有害污染物，进而使污染土壤得到修复与治理。近 10 年来修复植物物种库不断丰富。国内学者不断研究发现可用于修复污染土壤的植物种类（高晓宁，2013；胡振琪 等，2003；夏汉平 等，2001），如金丝草和柳叶箬为 Pb 的超富集植物（侯晓龙 等，2012）。修复植物的处置技术更加环保、经济。利用富集植物修复污染废弃地，当植物生长到一定阶段时，要进行收获，从而产生大量重金属富集植物体。如果对这些植物处置不当，可能产生二次污染。近年来国内学者不断探索出更加环保、高效、经济的处理方法，如植物冶金法、热液改质法、生物解吸法等（刘维涛 等，2014；安钢 等，2012）。植物修复技术是一种新兴的低投入、可持续的绿色修复技术（莫爱 等，2014）。

（2）微生物修复技术是利用微生物在适宜的条件下，将污染土壤中的污染物降解、转化、吸附、淋滤除去，或者利用其强化作用修复污染土壤。近年来，菌根技术与微生物接种技术已成为污染土壤修复的研究热点，并取得了较好的应用效果（谢计平，2017；莫爱 等，2014）。

（3）动物修复技术是指利用土壤中的某些低等动物（蚯蚓、线虫、甲螨等）的直接作用或间接作用修复污染土壤。蚯蚓是最常用的土壤修复动物，有学者对蚯蚓富集污染物的规律及污染物对蚯蚓的影响等内容进行了相关研究，但土壤动物不能像收割植物那样轻易地从土壤中移除,因此目前国内仍鲜见利用动物的直接作用修复污染土壤的案例,而大多数是利用土壤动物的间接作用强化植物、微生物的修复效果(谢计平,2017;蒋高明,2004;戈峰 等,2001)。

(4)生物材料修复技术。朱清清等(2010)研究发现,增加皂角苷溶液浓度和降低pH均有利于重金属的去除。刘晓娜等(2011)研究发现,螯合剂和菌根真菌联合在某些情况下可协同强化植物的修复效果。与传统化学试剂相比,生物表面活性剂和生物螯合剂在污染土壤修复中表现出巨大优势,但因其存在可能使污染物下渗污染地下水,对植物、微生物存在生物毒性,造成土壤养分流失等问题,且现阶段材料制备成本高、技术不成熟,因此,两者在污染土壤修复中的应用仍处于试验阶段,如何克服两者在诱导污染物修复和进行土壤淋洗中的弊端是亟待解决的重要问题(唐浩 等,2013)。

7.1.5　水土流失治理技术

1. 拦截措施

在矿山开采过程中,会产生大量的废土、废石、废水及其他废弃污染物质,所以要做好拦截防护工程,降低水土流失情况。根据矿山工程的位置和周围的地形,设置不同的拦挡工程,常用的拦截方式有拦渣防护、护坡防护。拦渣防护主要是建设拦渣坝、拦渣墙及拦渣堤。通常,拦渣坝常见种类有浆砌石坝、干砌石坝及土石混合坝,根据实际情况选择合适的种类。拦渣墙主要包括重力式、悬臂式和扶臂式三种。拦渣堤包括堤内拦渣和堤外防洪两种功能。护坡防护主要包括干砌石护坡和浆砌石护坡两种,要求护坡设计要满足水土保持和稳定两种需求(肖军,2017;陈祖根,2015;李向君,2014;叶林春 等,2008)。

2. 排水措施

在矿区内,建立完善的排水系统,降低雨水对于坡面的冲击力度,减少水土流失。在采矿坑周围,建立截水沟和沉沙池,拦截降雨形成的水流,将其进行充分的沉淀,剥离水流中所含砂石再排出清水,同时将沉淀的砂石泥浆集中处理。在山体地表径流上游修建性能良好的排水系统,并在平缓处设置沉沙池,从源头入手,降低水土流失情况的发生。在设计排水沟、截流沟前期,要充分考虑矿山的坡面角度和坡长,计算最大降水量形成的集水面积来设计排水沟的尺寸,保证排水沟发挥自身的作用,有效地进行排水。在露天采场排水、矿坑涌水排水和矿井排水过程中,由于砂石矿自身所含泥沙较多,要采用集水坑和井下水仓的方式,将泥沙充分沉淀。同时,在废石场下游要建立挡泥坝和挡水坝,并进行泥沙沉淀,排放沉淀后的水流(肖军,2017;陈祖根,2015)。

3. 植被措施

根据矿区实际的情况,选择根蘖性强、生命力顽强、生长迅速,并能适应贫瘠干旱环境的树种和植被,积极开展植树造林、还林还草生态建设,加大矿区的绿色植被覆盖面积,增强土地自身的水资源保存性,同时提升生态系统自身的恢复能力,利用自然环境自身的恢复能力来控制水土流失。加强土壤的营养物质和肥力，促进植被快速生长，使用石膏或石灰调节土壤自身的酸碱性，以保证土壤达到植被的生长条件，恢复矿山的生态环境。对于废弃的废渣和废土要及时清理或者再利用。例如，利用废土废渣修建排水沟或挡土墙等，或在其表面覆盖 30～50cm 的土壤层，再进行植被恢复。在矿区植被恢复过程中，由于受外界恶劣环境的影响，要及时对恢复的植被进行保护措施，避免发生二次破坏现象，同时引进适宜的生物，增加生物种类，以此来恢复生态系统自身的调节能力，加快环境恢复速度。例如，引进大量的蚯蚓，改变矿区的土壤层结构，优化土壤自身的肥力，能有效地促进植物生长，并且蚯蚓的引入能有效促使大量有益于土壤改良的微生物和菌类繁殖，加强生态系统的恢复能力，提升环境自身的水土保持能力（肖军，2017；叶林春 等，2008）。

7.1.6　边坡及采坑治理技术

边坡人工加固对现有滑坡和潜在不稳定边坡是有效的治理措施，而且它已发展成为提高设计边坡角、减少剥岩量的一种重要途径。目前国内外在矿山边坡加固中，比较广泛地采用抗滑桩、金属锚杆和锚索，并辅以混凝土护坡和喷浆防渗等措施。

抗滑桩，一般为钢筋混凝土桩，其中又可分大断面与小断面混凝土桩。前者一般用于土体或松软岩体边坡中，在开挖的小井内浇注混凝土；而后者一般是露天矿边坡所采用的岩体抗滑桩，即在钻孔内放入钢轨、钢管和钢筋作为主要抗滑结构，然后用混凝土将钻孔内的孔隙填满或用压力灌浆。抗滑桩一般施工简单、速度快，应用比较广泛（赵政 等，2014；姜晨光 等，2008）。

钢筋锚杆和钢绳锚索加固边坡的技术已为不少露天矿所采用，并取得了很好的效果。锚杆（索）一般由锚头、张拉段和锚固段三部分组成：锚头的作用是给锚杆（索）施加作用力，张拉段的作用是将锚杆（索）的拉力均匀地传给周围岩体，锚固段的作用是提供锚固力。锚杆（索）的施工工艺比较复杂，但它可用以锚固深处赋有潜在滑面的边坡。由于可以对锚杆施加一定的预应力，能积极地改善边坡的受力状态（谭海文 等，2015）。

7.2　环境污染防治技术

7.2.1　大气环境污染防治技术

砂石矿开采过程中及矿区废弃地对大气环境的污染主要变现为粉尘污染，不同开采工序的粉尘污染治理措施有所不同（端木天望 等，2017；刘远良，2017）。

1. 凿岩、爆破工段粉尘防治措施

（1）凿岩工段粉尘防治。该工段粉尘防治方法一般分湿式凿岩捕尘和干法凿岩捕尘两种。湿式凿岩捕尘分为钻孔内除尘和钻孔外除尘两种。钻孔内除尘主要采用气-水混合除尘法，通过钻杆送入风水混合物至孔底，冲洗岩粉变成泥浆由孔口排出或采用高压水箱将水送入主钻杆内，通过冲击器进入孔底，使炮孔底部岩粉变成泥浆排出孔外，从而达到除尘降尘的目的；钻孔外除尘则主要是通过对含尘气流喷水，并在惯性力的作用下使已经凝聚的粉尘沉降。干法凿岩捕尘通常采用孔口捕尘罩，通过捕尘罩、抽尘软管、风管等设施将粉尘送入除尘器，除尘后排放。

（2）抑制爆破作业时产生的粉尘。爆破作业粉尘的治理措施通常采用向钻孔注水、对爆破作业面喷雾洒水、水封爆破、合理确定炮孔位置和数量等措施，通过人为地提高矿岩的湿度。而在爆破作业实施后可及时采用移动式高压水车进行喷雾降尘。

2. 破碎工段粉尘治理措施

在矿石破碎前先进行适当洒水，保持矿石适当的湿润度，而对于破碎工段产生的粉尘可通过设备密闭，在机械破碎口上方安装集气罩，用管道引入脉冲袋式除尘器收集后进行除尘，然后通过排气筒排放。

3. 矿石（废石）堆场风蚀扬尘治理

为减少矿石、废石堆场对环境空气的污染，要合理设置矿石（废石）堆场的位置，并对堆场采用自动喷水装置降尘、人工洒水降尘、抑尘网覆盖、及时对废石堆场和固定作业面进行恢复植被等措施加以防治。

4. 矿石装卸、道路运输扬尘污染防治

一是在铲装前向矿石堆洒水，使其湿润，在装车时应将矿石装牢固，矿石（废石）表面洒水，并加盖篷布覆盖；二是对司机室进行密闭；三是在距离环境敏感点较近的路段设置减速带，控制车速；四是对运输道路两侧进行绿化；五是定期对运输道路进行维护，并进行洒水降尘，用洒水车或运输道路沿线设置固定洒水器向路面洒水，并向路面喷洒钙、镁等吸湿性较强的盐溶液。路面洒水是当前国内外露天矿山普遍采用的除尘降尘方法。

露天采矿场的粉尘污染防治工作应按照"吸尘钻孔、封闭破碎、带水作业、防尘装卸、密闭运输、洒水保洁、及时绿化"的要求，对开采、运输及整个矿区局部环境的粉尘实施综合整治，把露天采矿场粉尘对周边环境的影响降到最低。

7.2.2 水环境污染防治技术

砂石矿区因其特性，区域污水主要来源于生产与生活废水排放，主要有：①生产废水排放。因洗石、除尘等需要，废水排放量大，且废水中石粉、细砂等悬浮物含量大。

②油污排放。③生活废水排放（林康南 等，2019；刘远良，2017）。

在砂石生产过程中会产生大量的废弃残渣，也会产生不少对河流水体污染严重的废水。

在废水处理中，一般而言，包含分级分选、机械脱水和自然沉淀三个环节。砂石生产线的废水首先通过排水沟渠将废水汇集后，由栈桥式架设的钢管自流引入废水处理系统。通过"废水收集→调节池→沉砂池→混合搅拌池→沉淀池→回用池→处理后出水"的处理系统进行废水处理。

在初次沉淀池及二次沉淀池中，采用自然沉淀处理的方式对废水进行预处理，之后流经混合搅拌池，进入平流沉淀池，在二次沉淀池及混凝沉淀中选择化学处理的措施，最后过滤出水进入回用池。

将沉砂池、沉淀池的污泥排入污泥池，自然干燥后进行外运处理，一般用作填埋等。回用池中的水通过抽水机和供水管路输送到砂石生产线的储水池，重新充当生产中的消耗用水，如湿式除尘用水，达到水的基本循环使用。如此，不仅有效地解决了废水污染问题，也在很大程度上实现了节约水资源和保护环境的目标，一举两得。

7.2.3　土壤污染防治技术

露天采石场必须要剥离上层覆盖的土壤才能进行砂石开采，因此其土壤层次、土壤结构会受到严重的破坏，如板结、变硬等，使得水分、养分、有机质等含量变少。而固体废弃物会在雨水的冲刷、淋溶作用下，对土壤的酸碱性造成破坏，引起土壤污染，同时会导致土壤中的生物种群减少，土壤生态环境质量发生了一定改变。矿山开采过程中，会产生大量的污水、粉尘、废气、固体废弃物等，这些都会对土壤环境带来一定的污染。

在砂石矿山开采之前，将 0～30 cm 和 30～60 cm 的土壤剥离并加以存放，等回填的时候再运回使用，为植被恢复提供具有结构良好、高养分、高水分、较多微生物与微小动物群落的高质量土壤。在砂石堆场地表用隔离材料覆盖，可防止固体废弃物随着雨水冲刷污染土壤（夏汉平 等，2002；Bell，2001）。

7.2.4　噪声污染防治技术

1. 隔音处理法

利用声音传播的原理，采用针对性强的隔音手段来阻断噪声是尤为必要的。隔音板就是从介质传播途径降噪的有效手段。隔音板应采用高密度材料，根据声音传播的原理，在跨密度传播中，两种介质密度相差越大，声音传播的效果就越差。通过反射和阻断的方式来控制声音的传播，从而达到降噪的目的。施工方需要从生产线噪声来源的实际位置出发，在重点区域搭设隔音棚，屋顶和四周墙面采用隔音板进行密封围蔽（刘远良，2017）。

2. 配件检查法

有些声音是可以从源头上避免或者大幅度降低的。例如，在破碎机、筛分机等主要设备工作中，任何零部件的松动，都有可能导致额外振动的发生，而额外振动恰是噪声的主要来源之一。对此，运行人员在设备运转前要紧固所有的部件；选用橡胶弹簧替代筛分机的振动弹簧；用冲击噪声低的橡胶筛板或者聚氨酯筛板来替代传统意义上的冲孔钢筛板和钢制编制筛网；在设备的运动部件中加注适量的润滑油脂，使设备相对运动部件的摩擦阻力减少，降低因摩擦产生的噪声（刘远良，2017）。

3. 特殊材料处理法

筛分机是噪声产生较为严重的区域，这和其本身的物理属性有很大的关联。筛分机由钢制构件组成，典型的有横梁、筛面、侧板、加强板等。在工作环节中，这些钢制构件会产生振动，从而带来噪声污染，并且由于筛分设备自身工作系统的复杂性，这些噪声还具有声源多、声级高的特征。对此，可在筛分机筛箱之间装设阻尼弹簧和阻尼橡胶。阻尼材料作为将机械振动转变为热能而消耗的材料，在降噪中也有着不错的作用。同时也可以在隔音棚内悬空悬挂吸声体，利用吸声体材料具有的吸声功能，吸收隔音棚内的反射声，来进一步降低噪声污染（刘远良，2017）。

第二篇

典型砂石矿废弃地生态修复案例

第8章　长泰县吴田山花岗岩矿区生态修复

8.1　废弃地概况

8.1.1　地理区位

长泰县地处闽南金三角中心结合部,九龙江口下游,东连厦门,南邻漳州台商投资区,西接华安县与漳州市,北靠泉州市安溪县,素有"闽南宝地"之称。吴田山矿区地处长泰县县境东北部,位于长泰县城北东 52° 方向,距离长泰县中心约 15km,行政区划隶属长泰县陈巷镇吴田村、新吴村管辖。矿区范围地理坐标为 117°50′51″~117°53′49″E,24°42′13″~24°44′07″N。

矿山地理位置较好,距离厦门约 34km,距离漳州市区约 32km,距离较远的泉州也仅有 70km,矿山已有北向、东南向和西南向三条水泥公路同省道相连,至长泰县城约 24km,与省道 207 线(现国道 355 线)、324 国道、319 国道、福诏高速公路相连,公路密度 0.88 km/km²,交通便利。

8.1.2　自然条件

1. 气象、水文

矿区所在的福建省长泰县东北部陈巷镇,属南亚热带海洋性季风气候,高温多湿,雨量充沛,四季常青,冬季无严寒,夏长无酷暑,年平均气温 21 ℃,年均降水量 1460mm。一年中,春季常阴雨,多浓雾;5~6 月降水量最多,7~9 月为台风暴雨季节,常造成山洪暴发。境内地势复杂,山体切割强烈,地形复杂,故形成多种区域性气候。

长泰县境内河流主要有龙津江、马洋溪、坂里溪、高层溪等,都属于九龙江北溪一级支流,龙津江为该县最大河流,从东北向西南径流,县境内长度约 59.2km,为该县主要灌溉水源。

区内地表水顺地势自北东向南西沿沟谷流出区外,矿区内修建有两座水库,即江新水库和水分流水库,面积分别为 15 万 m² 和 2.1 万 m²,两座水库主要作为采矿及石料加工生产用水的水源地。同时发现 7 处不同规模的采坑积水池,面积为 500~5 000 m² 不等。

2. 地形地貌

长泰县地势北高南低,并向南开口呈马蹄状,外廓形似蒲扇,山脉属戴云山支系,由安溪县蜿蜒入境,分两系向东南部和西北部延伸。吴田山矿区位于戴云山脉过渡地带,沟谷发育,山脉总体走向为北东向,最高标高约为 1150m,最低标高为 163m。地形坡度为 20°～35°，最大达 80°左右，区内总体地貌属丘陵向中低山过渡地貌类型，区内最高海拔为 1 129 m，最低海拔为 516.3 m，相对高差 612.7 m，坡度一般在 25°～35°。区内地形切割较为强烈，呈"V"形谷。地表水顺地势自东北向西南沿沟谷流出境外。

3. 地层、构造

生态恢复区地层简单，自老至新分布如下。

（1）主要有燕山晚期第一阶段第一次侵入的中粒或中细粒辉石石英闪长岩，灰色，中-微风化，半自形粒状结构，块状构造，由斜长石、钾长石、石英、紫苏辉石、普通辉石、黑云母和角闪石等矿物组成，矿物粒度为 0.5～4 mm，由南西向北东方向逐渐变细。

（2）第四系残坡积碎块石黏性土，褐黄色，可塑，稍湿，稍密—松散，含 10%～20% 中-强风化辉石闪长岩块石，块径为 1～2 cm，局部可见堆填大量矿渣，块径为 5 cm～2 m 不等，结构松散。

（3）人工堆填矿渣，为废渣或矿石废料，黏土含量较低，多为块石，块径为 0.2～2 m，局部可达 4 m，顺坡而填，高度为 10～20 m。

矿区未见明显断层通过，但是受区域构造影响，岩体主要发育四组节理裂隙。在矿区外围矿山公路开挖断面可见小型断裂构造迹象，节理裂隙极其发育，岩体破碎，切割成块径 3～5 cm 的块体，产状凌乱，呈环形洋葱状，并可见明显球状风化体，局部可见花岗斑岩脉侵入。

4. 水文地质条件

生态恢复区的矿体分布于山脊及其斜坡上，均位于当地最低侵蚀基准面以上，区内沟谷切割较强烈，地表水自然排泄条件良好。

表层孔隙、裂隙主要补给来源为大气降水，地表水径流以水平运动为主，局部地段遇断层或接触带做垂向运动向较低地段排泄。矿山采用露天开采，地表水以大气降水为主要补给来源，自然排泄条件良好。

大气降水是地下水的主要来源。大气降水直接补给残坡积层潜水和基岩裂隙水。矿区沟谷切割较强烈，坡降较大，易于排泄。大气降水在短时间内沿沟谷以地表径流的形式快速流出矿山，少部分大气降水被风化带接收，垂直向下渗透补给含水层。地下水基本顺地形运动，沿隔水层和谷底一带自然排泄。

综上所述：大气降水是矿区地下水的主要补给来源，矿体位于当地侵蚀基准面之上；地表有利于排水；矿床中主要为孔隙裂隙水，富水性弱。地下水主要为第四系残坡层潜水及辉石石英闪长岩体表层基岩裂隙水，水文地质条件简单。

5. 社会经济状况

长泰县总面积为 912.67 km²，2019 年县辖 9 个乡镇（场、区），含 1 个省级经济开发区、1 个市级工业区和 1 个市级生态旅游区，2019 年常住人口 22.87 万人，实现全国文明县城"三连冠"，是福建省首批国家级生态县，荣膺全国卫生县城、国家生态文明示范区、国家园林县城，被评为中国最具投资潜力特色示范县、福建省县域科学发展十优县，成为全国美丽乡村标准化建设试点县、全省宜居环境建设示范县、全省唯一连续十一年蝉联"福建省县域经济发展十佳县"的县。长泰县是"投资热土、文明县城"。近年来，长泰县大力实施"工业强县、对接特区、项目带动"三大举措，以"三个跨越"为目标，全力打造"厦漳泉生态型核心区"，突出抓工业、抓项目，改善民生、促进和谐，经济社会持续快速发展。2017 年实现地区生产总值 236 亿元，增长 9.8%；规模工业产值 570 亿元，增长 10%；出口总额 58 亿元，增长 1.6%；农业总产值 30.5 亿元，增长 3.3%；社会消费品零售总额 34.5 亿元，增长 13%；城镇居民人均可支配收入 34 764 元，增长 10%；农村居民人均可支配收入 17 588 元，增长 9%。

8.1.3　矿产资源开发及现状

长泰县吴田山矿区矿产资源开发历史悠久。早在 20 世纪 80 年代末就开始探矿并粗放型露天开采，十几年后，开采坑口达 470 个，年产荒料约 20 万 m^3，主要供应该县 600多家石板材加工企业，年产值达 3 亿元以上。矿产开发一时成为长泰县的一大产业，带动了一大批民营企业的发展，解决了上万人的就业问题。2007 年 7 月，长泰县人民政府委托福建省闽东南地质大队编制的《吴田山饰面花岗岩矿区开发总体规划》顺利通过评审，率先在漳州市完成了矿区开采规划。按照 2007 年 7 月《吴田山饰面花岗岩矿区开发总体规划》要求，吴田山矿区的开采坑口由 2003 年前的 470 个减少到 298 个。2008 年元月，长泰县林墩工业区管理委员会（以下简称管委会）正式挂牌运作，辖枋洋镇区的乔美等 5 个行政村、1 个居委会的 94 km^2 区域，履行镇级行政、经济管理权限。管委会的一个主要工作是整顿无序发展的石材加工业。"十二五"伊始，长泰县委、县人民政府初步提出要把长泰县建成"厦漳泉生态型核心区"的发展定位。2010 年 9 月，长泰县人大常委会全票通过《关于促进生态文明建设的决定》，近年来，长泰县始终坚持"生态立县"理念，贯彻落实党中央、国务院关于加快推进生态文明建设的决策部署，把生态文明建设作为落实五大发展理念、提高经济社会发展质量、实现可持续发展的根本举措。2014 年漳州市人民政府批准《长泰县吴田山饰面用花岗岩矿区采矿权整合方案》，将该矿区现有的 21 个开采矿段整合为 10 个开采矿段；明确 2017 年底吴田山矿区修复性开采目标，为 2017 年矿区全面关闭做准备。2017 年 2 月长泰县人民政府出台了《长泰县关闭吴田山饰面用花岗岩矿区和南坑建筑用花岗岩矿区实施方案》（泰政办〔2017〕76 号），确定 2017 年采矿许可证到期后全面关闭吴田山饰面用花岗岩矿区。2017 年印发《长泰县人民政府关于关闭吴田山饰面用花岗岩矿区的通告》决定于 2017 年 12 月 31 日采矿许可证到期后，关闭吴田山饰面用花岗岩矿区。2018 年 1 月 1 日零时起吴田山矿区各采矿点立即停止爆破和锯机开采切割；2018 年 1 月 31 日前清理完毕开采工作面内的荒料，消除安全隐患，撤走锯机、挖掘机等设备，撤离所有开采人员；2018 年 5 月 31 日前清运完毕矿区内所有荒料，矿区实行封山整治。

一系列的举措表明长泰县政府高度重视吴田山矿山生态环境监管与恢复治理工作，

然而，采石企业遗留下了大量的采石废弃地尚未得到恢复治理。采石活动毁林剥土，导致山林植被破坏、覆盖率降低、表土流失、水源涵养能力降低、生态环境恶化等一系列问题，同时严重影响当地的自然景观，制约了旅游资源、植物资源和水资源的保护和开发，随着长泰县国民经济的飞速发展，矿产开发带来的生态环境问题已成为长泰县社会经济发展的一个重要限制因子。因此，开展长泰县吴田山矿区生态修复及整改，不仅是加快山水林田湖草生态保护修复，实现格局优化、系统稳定、功能提升的迫切需要，而且关系区域生态安全和美丽中国建设，是一项十分紧迫的生态文明建设任务。

8.2　花岗岩开采生态破坏现状及问题

8.2.1　植被破坏

吴田山矿区存在大量的开采点，在采石过程中主体工程、储运工程、临时工程等对周边植被产生了较大的影响。随着开采时间和面积的增加，因为在施工开采时需先对地表植被进行清除，矿区范围内的植被遭受人为的破坏，造成大量地表裸露（图 8.1）。

（a）开采区破坏　　　　　　　　　　　　　　（b）堆采破坏

图 8.1　植被破坏现状

吴田山矿区植被为巨尾桉、松树及灌木丛等，植被覆盖度 30% 以上。通过实地调查和遥感解译，计算得出矿区范围内矿区采掘区、矿渣堆积区、生产建设用地、裸石和泥质地表等面积达 6.61 km²，占矿区面积的 56.93%。有林地面积为 3.35 km²，占矿区面积的 28.85%。草地面积为 0.82 km²，占矿区面积的 7.06%。

8.2.2　耕地破坏

吴田山矿区属于建筑石材类非金属矿，依据矿体赋存特点主要是采用露天方式开采。矿山在露天开采过程中，挖掘了矿体及部分近矿围岩，同时产生大量的废石土，特别是近年来随着矿山开采技术的提升，开采产生的矿渣堆放地呈现爆发式的增长（图 8.2）。

（a）2012年石空口村周边农田　　　　　　（b）2017年石空口村周边农田

图 8.2　耕地破坏遥感对比及现状

　　吴田山矿区目前共有 6 个矿段，分别为西侧的三娘矿段和石狮头矿段，东侧的新岩矿段、格口矿段、东林矿段和石港湖山矿段。矿区内包括采矿区、生产区和矿渣堆放区，面积为 5.32 km^2，占矿山修复面积的 45.82%。现有道路面积为 0.19 km^2，占矿山修复面积的 1.63%。农田面积为 0.59 km^2（其中耕地破坏面积为 0.68 km^2），占矿区面积的 5.08%。

8.2.3　水土流失

　　目前，吴田山矿区已经停止生产，但是由于长期开采剥离表土层，开挖山体产生碎屑，大量的土质、小碎石在雨水的作用下被带到下游，淤塞河道，导致江新水库和下游活盘水库库容下降，龙津溪河床抬高，河流流量减少。矿坑区土壤表层均全部剥离，堆积到矿渣区或被雨水冲刷带走。损失土壤估计为 50 万 m^3，矿渣区土壤含量在 30% 左右，估算水土流失量为 90 万 m^3，潜在土壤流失量为 40 万 m^3。由于水土流失，吴田山矿区北边的江新水库的库容减少 50% 左右，吴田山矿区下游活盘水库的库容减少 30% 左右（图 8.3）。

（a）2012年活盘水库区域　　　　　　　　（b）2017年活盘水库区域

（c）周边水土流失现状

图 8.3　活盘水库库面变化对比及周边水土流失现状

8.2.4　潜在地质灾害隐患

实地调查结合遥感判读，共计有 125 个矿渣堆积点，总面积为 1.86 km^2，占规划面积的 16.02%。堆高为 5～30 m，渣堆边坡依靠废石自然重力形成，估计废石量在 2 800 万 m^3 左右。目前矿区内共有 112 个矿坑，深度为 5～100 m。

在石空口村和格口村上方，有大量的废石堆积，并无任何拦挡和排水措施，在强降水和外力的影响下容易发生滑坡和泥石流等自然灾害，其他几个较大的废石边坡同样存在相同的安全隐患（图 8.4）。

（a）废石料现状   （b）格口村现状

图 8.4　废石料现状及格口村现状

8.3　矿区生态修复范围分区和土地利用现状

8.3.1　矿区生态修复范围及修复分区

1. 生态修复范围

按照目前实际矿山开采范围结合生态保护红线边界确定生态修复范围，其中生态修复区和生态影响区总面积为 21.55 km²，其中生态修复区面积为 11.61 km²，生态影响区面积为 9.94 km²。其地理坐标为 117°51′19″～117°54′5.4″E，24°42′10.54″～24°44′40.1″N。

2. 生态修复分区

根据地势地貌及土地利用现状类型，将生态修复区（图 8.5）分为如下区域：Ⅰ 东林生态修复区，面积为 1.83 km²，占矿区生态修复区面积的 15.76%，该区域高程为 574～1 009 m，平均高程为 799 m，该分区内土地利用类型以露天采掘场和裸地为主，地形地貌丰富多样；Ⅱ 东田生态修复区，面积为 2.78 km²，占矿区生态修复区面积的 23.94%，该区域内高程为 779～1 094 m，平均高程为 931 m，矿坑及崖壁分布相对集中且形态多样；Ⅲ 新岩生态修复区，面积为 2.99 km²，占矿区生态修复区面积的 25.75%，该区域内高程为 686～932 m，平均高程为 786 m，该分区土地利用以农田、水面和林地为主；Ⅳ 梯坪生态修复区，面积为 1.98 km²，占矿区生态修复区面积的 17.05%，该区域内高程为 689～1 095 m，平均高程为 906 m，该分区土地利用以渣堆区和林地为主；Ⅴ 三娘生

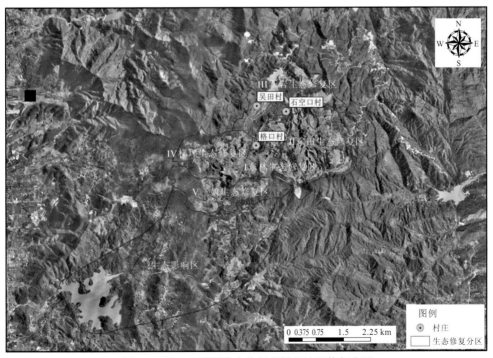

图 8.5　吴田山矿区生态修复范围及治理修复分区

态修复区，面积为 2.03 km²，占矿区生态修复区面积的 17.48%，该区域内高程为 451～840 m，平均高程为 636 m，该分区土地利用以渣堆区、农田和林地为主。同时，在矿区下游活盘水库周边，按照水库汇水区范围及周边生态环境实际情况划定生态影响区，面积为 9.94 km²，在该区内开展水土流失治理工程。

8.3.2 矿区生态修复区土地利用现状

吴田山矿区面积较大，采矿区比较集中，依据采矿范围与生态保护红线边界划定的矿山生态修复区面积为 11.61 km²，主要土地利用类型为裸地、采矿用地、林地、农田、旱地等，各类型土地面积见表 8.1 和图 8.6。

表 8.1 吴田山矿区生态修复区土地利用面积统计

土地利用类型	面积/km²	土地利用类型	面积/km²
裸地	4.476 980	水库水面	0.157 924
有林地	2.770 809	内陆滩涂	0.084 564
采矿用地	1.148 492	公路用地	0.078 283
水田	0.990 808	果园	0.076 384
旱地	0.620 726	河流水面	0.051 005
其他草地	0.446 159	坑塘水面	0.028 815
灌木林地	0.242 666	水工建筑用地	0.009 096
其他林地	0.234 133	茶园	0.003 435
村庄	0.189 536	其他园地	0.000 749

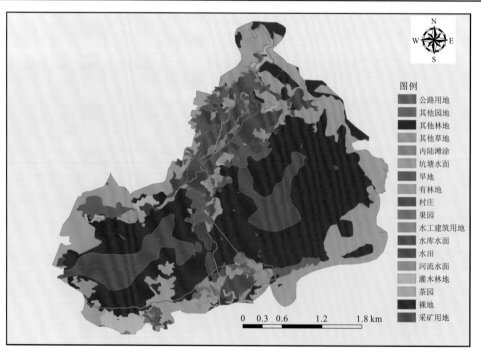

图 8.6 吴田山矿区及周边土地利用现状图

8.4　废弃矿区"山水林田湖草"生态系统修复

以维护矿区生态环境安全为重点，深入贯彻"山水林田湖草"是生命共同体的整体系统观。针对矿产资源开发过程中产生的矿渣堆积、水土流失、植被破坏、土地占压等主要生态环境问题科学规划、合理布局，提出生态环境保护与恢复治理的主要措施，及时治理受损的生态环境，最大限度地恢复因矿产资源开发利用造成的破坏。

8.4.1　生态修复研究目标

1. 总体目标

通过开展矿山生态修复工作，消除长泰县吴田山矿区生态环境问题，恢复由于石料开采而破坏的自然景观，消除视觉污染。在此基础上，采取各类型综合利用方式，做到"一年打基础，三年见成效，五年上台阶"。加快吴田山矿区周边生态环境的修复和利用，将吴田山地区打造成为生态修复利用新高地，建设成为吴田山生态经济区，促进长泰县经济发展和生态环境的提升。

2. 阶段目标

近期目标：完成吴田山范围内矿山废弃地和毁损地的边坡治理、矿渣清理、林草种植、农田复垦、库区清淤、水土流失治理，初步完成"山水林田湖草"综合生态修复工程。

中期目标：进一步巩固完善吴田山采矿废弃地和毁损地的生态修复任务。逐步导入都市农业、旅游度假、康养社区、国际教育、文旅地产等绿色产业，形成国家级"山水林田湖草"综合治理样板区及长泰城市新名片。

远期目标：吴田山生态经济区生态环境优美，产业绿色发展，生态环境与产业互相促进，可持续发展，形成良性循环，成为长泰生态文明建设"新亮点"和区域经济转型发展"新动力"，体现良好的示范效应。

8.4.2　生态修复基本原则

1. 生态优先原则

矿山生态修复与景观再造一定要加大对现有生态环境保护的力度，要保持水体、生物、山体等各种资源的平衡与稳定，避免各种资源的贫瘠化，确保矿山环境可持续发展。设计时应将恢复生态和保护自然景观作为核心，尽可能降低开发强度，减少对自然环境的干扰破坏。

2. 因地制宜原则

运用可持续的景观材料和工程技术，在区域内特定的资源环境的前提下，从构成景观的基本要素、材料包括人工材料和自然材料、工程技术等方面来实现景观的可持续利用——包括材料使用的减量、再利用和再生。在长期的适应演化中，当地的各种资源在生态位中的作用已经固定，应以当地的自然过程为依据，将自然元素融入设计之中，使项目建设与生态过程相协调，将对环境的破坏影响降到最低。同时可借鉴经受过长期历史考验，适应当地环境的乡土工艺，达到降低成本、因地制宜的效果。

3. 经济节约原则

一个好的规划设计，必须是在设计上合理、经济上节约的设计。这包括利用自然做功、对废弃地景观元素的巧妙再利用、建设材料的最优选择、工程技术措施的合理应用等，与此同时，还要结合社会经济产业发展的需要，满足一定的社会经济服务功能的要求。

4. 人文相融原则

采石废弃地不同于一般景观，具有特殊的人文景观要素。景观作为人的活动场所和使用环境，在规划设计中应当有益于人类的文化体验，使人们可以产生震撼、共鸣、凝聚情感、愉悦身心，从而使空间具有场所精神和文化特征。将采石废弃地改造为文化娱乐场所，在方案设计中要考虑特定区域内的"自然"要素，如植被、野生动物、微生物、资源及土壤、气候、水体等，只有立足于自然条件下，采石废弃地改造再利用设计才能具有可持续生命力。方案设计要在分析场地现状条件的基础上，寻找适宜于特定场所、特定区域内的风土人情和地域传统文化，满足特定区域与人群的要求，并充分挖掘其内涵。

5. 功能优化原则

矿山生态修复和景观重建本身是一个复杂的系统工程，其内部各组成系统间有着复杂的联系，同时也同所处环境的各个组成要素之间有着千丝万缕的联系，要保证整个系统的稳定持续的运行，就需要在设计中协调好这些联系，将其和谐地组织起来。正如同微观的一个细胞一样，只有各部分协调好，各负其责又相互联系，才能最终发挥自身的作用，并融于整个大系统中。

8.4.3 矿区破坏山体修复

1. 矿坑治理

考虑矿坑及崖壁的后续利用，修复规划仅从消除安全隐患考虑，对部分矿坑进行填埋处理。填埋使用的矿渣来源详见表8.2。

矿坑分类与编号如图8.7所示：矿区内11个矿坑区，其中1号、4号坑位于第 I 规划区；2号、3号坑位于第 II 规划区；5～9号坑位于第 IV 规划区；10号和11号坑位于第 V 规划区。

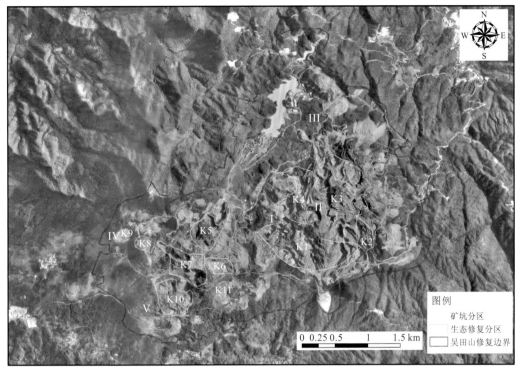

图 8.7　吴田山矿区矿坑分区分布图

矿坑的填埋处理和利用：矿坑顶部的碎石和矿渣全部填入矿坑，消除矿坑安全隐患。矿坑填埋所需矿渣来源详见表 8.2。

表 8.2　各个矿渣堆的分区归属和处理方法

规划分区	堆渣区	矿渣堆	处理方法	处置地点
I	ZQ1	Z1	填埋	原地
		Z2	清运/集中堆放	原地
		Z3	清运、填埋	Z1
		Z4	清运、填埋	Z1
		Z5	清运/集中堆放	Z2
		Z6	清运/集中堆放	Z2
	ZQ2	Z7	清运、填埋	就近矿坑、Z1
		Z8	清运、填埋	就近矿坑、Z1
		Z9	清运、填埋	就近矿坑、Z1
		Z10	清运、填埋	就近矿坑
		Z11	清运、填埋	就近矿坑

规划分区	堆渣区	矿渣堆	处理方法	处置地点
I	ZQ2	Z12	清运、填埋	就近矿坑
		Z13	清运、填埋	就近矿坑
	ZQ3	Z14	填埋	原地
		Z15	清运、填埋	Z14
		Z16	清运、填埋	Z14
II	ZQ4	Z17	清运、填埋	原地
		Z18	加固保留	原地
		Z19	清运/集中堆放	Z21
		Z20	清运/集中堆放	Z21
		Z21	清运/集中堆放	原地
		Z22	清运、填埋	南侧矿坑
		Z23	清运、填埋	南侧洼地
		Z24	清运/集中堆放	Z21
		Z25	清运、填埋	Z25 西侧矿坑
		Z26	清运、填埋	Z25 西侧矿坑
	ZQ5	Z27	清运/集中堆放	Z2
		Z28	清运/集中堆放	Z2
		Z29	清运/集中堆放	Z2
		Z30	清运/集中堆放	Z2
		Z31	清运、填埋	就近矿坑
		Z32	清运、填埋	就近矿坑
		Z33	清运、填埋	就近矿坑
		Z34	清运、填埋	就近矿坑
		Z35	清运、填埋	就近矿坑
	ZQ6	Z36	填埋	原地
		Z37	填埋	原地
	ZQ7	Z38	加固保留	原地
		Z39	清运/集中堆放	Z21

续表

规划分区	堆渣区	矿渣堆	处理方法	处置地点
II	ZQ7	Z40	清运/集中堆放	Z21
		Z41	填埋	原地
		Z42	加固保留	原地
		Z43	填埋	原地
	ZQ8	Z44	填埋	原地
		Z45	填埋	原地
		Z46	加固保留	原地
		Z47	清运/集中堆放	原地
		Z48	填埋	原地
III	ZQ9	Z49	填埋	原地
		Z50	清运、填埋	Z51
		Z51	填埋	原地
		Z52	清运/集中堆放	Z47
	ZQ10	Z53	填埋	原地
		Z54	清运/集中堆放	Z47
		Z55	加固保留	原地
		Z56	填埋	原地
		Z57	清运/集中堆放	Z59
		Z58	清运/集中堆放	Z59
		Z59	清运/集中堆放	原地
	ZQ11	Z60	清运/集中堆放	Z69
		Z61	加固保留	原地
	ZQ12	Z62	清运/集中堆放	Z69
		Z63	清运/集中堆放	Z69
		Z64	清运/集中堆放	Z69
		Z65	清运/集中堆放	Z69
		Z66	清运/集中堆放	Z69
		Z67	清运/集中堆放	Z69

续表

规划分区	堆渣区	矿渣堆	处理方法	处置地点
III	ZQ12	Z68	清运/集中堆放	Z69
		Z69	清运/集中堆放	Z69
		Z70	加固保留	原地
	ZQ13	Z71	清运/集中堆放	Z69
		Z72	加固保留	原地
IV	ZQ14	Z73	清运/集中堆放	Z69
		Z74	清运、填埋	东侧矿坑
		Z75	加固保留	原地
	ZQ15	Z76	加固保留	原地
		Z77	清运、填埋	附近矿坑
	ZQ16	Z78	填埋	原地
		Z79	填埋	原地
	ZQ17	Z80	清运/集中堆放	原地
		Z81	清运/集中堆放	Z80
		Z82	清运/集中堆放	Z80
		Z83	清运/集中堆放	Z80
		Z84	清运/集中堆放	Z80
		Z85	清运、填埋	附近矿坑
		Z86	清运、填埋	附近矿坑
		Z87	加固保留	原地
	ZQ18	Z88	加固保留	原地
		Z89	加固保留	原地
		Z90	填埋	原地
		Z91	加固保留	原地
		Z92	清运、填埋	北侧矿坑
		Z93	清运、填埋	西侧矿坑
	ZQ19	Z94	清运、填埋	附近矿坑
		Z95	清运、填埋	附近矿坑
		Z96	清运/集中堆放	Z98

续表

规划分区	堆渣区	矿渣堆	处理方法	处置地点
IV	ZQ20	Z97	加固保留	原地
	ZQ21	Z98	清运/集中堆放	原地
V	ZQ22	Z99	加固保留	原地
	ZQ23	Z100	加固保留	原地
	ZQ24	Z101	清运、填埋	Z108
		Z102	清运/集中堆放	Z112
		Z103	清运、填埋	Z108
	ZQ25	Z104	加固保留	原地
		Z105	加固保留	原地
		Z106	清运/集中堆放	Z112
		Z107	加固保留	原地
		Z108	清运/集中堆放	Z112
		Z109	清运/集中堆放	Z112
		Z110	清运/集中堆放	Z112
	ZQ26	Z111	清运/集中堆放	原地
		Z112	清运/集中堆放	原地
		Z113	加固保留	原地
		Z114	填埋	原地
		Z115	加固保留	原地
		Z116	加固保留	原地
	ZQ27	Z117	加固保留	原地
		Z118	清运、填埋	原地
		Z119	清运/集中堆放	原地
		Z120	清运/集中堆放	Z120
		Z121	清运/集中堆放	原地
		Z122	填埋	原地
		Z123	清运、填埋	东侧矿坑
		Z124	清运、填埋	Z125
		Z125	填埋	原地

2. 渣堆治理

将矿区内 125 个矿渣堆积（矿渣堆简称 Z）分为 27 个堆渣区（堆渣区简称 ZQ）（图 8.8），根据堆放地形、矿渣量和利用规划等进行全面清理和资源化利用，包括渣堆清运填埋、边坡加固和挡土墙建设。

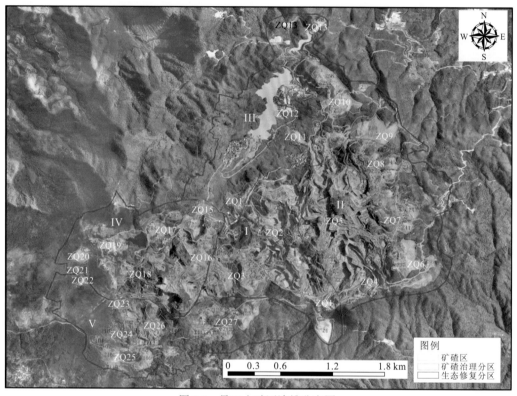

图 8.8　吴田山矿区渣堆分布图

将矿区内 27 个堆渣区分属五大规划区域，分别是：Ⅰ 东林生态修复区；Ⅱ 东田生态修复区；Ⅲ 新岩生态修复区；Ⅳ 梯坪生态修复区；Ⅴ 三娘生态修复区。其中 1～3 号堆渣区位于第 Ⅰ 规划区；4～8 号堆渣区位于第 Ⅱ 规划区；9～14 号堆渣区位于第 Ⅲ 规划区；15～21 号堆渣区位于第 Ⅳ 规划区；22～27 号堆渣区位于第 Ⅴ 规划区。

矿渣的清理和资源化利用：依据资源化利用最大化原则和就近取材降低成本原则对矿渣进行清理和利用（图 8.9）。对面积较大、地势较为平整区域（如 Z1、Z6～Z10、Z25～Z28），通过整合临近区域矿渣堆（如 Z3、Z12、Z13、Z10、Z11、Z29、Z42、Z44、Z45、Z100、Z101、Z108、Z62、Z63）平整土地建成大平台；小规模、零散及地势复杂区域的矿渣堆（如 Z14～Z23）就近填埋到矿坑内，或清运到平台建设用地。闭矿后暂存矿区内各个平台的荒料要求在规定时间内全部清运转走，进行农田新垦。矿渣堆处理措施见表 8.2。

（1）边坡加固：基于平台建设和挡土墙修筑，规划形成矿渣堆边坡长度 9.17 km，其中有 7.14 km 配合挡土墙建设。通过削坡减载、骨架护坡和疏排水措施，直接利用场内块石等原料进行矿渣堆边坡加固。坡面人工播草种或自然恢复。

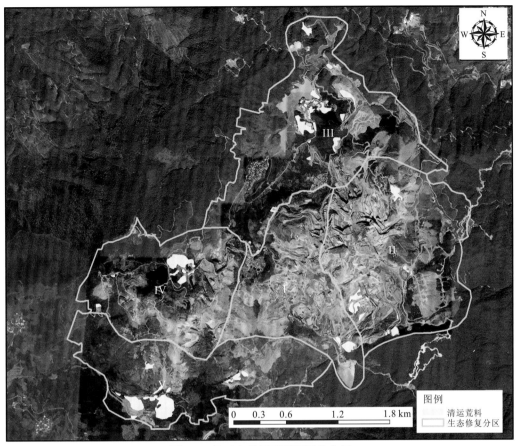

图 8.9　吴田山矿区石量清运分布图

（2）挡土墙建设（图 8.10）：为防止表土坍塌或散落，在矿渣堆坡外缘坡脚砌筑挡土墙，避免引发牵引性滑塌，确保坡脚稳定。依据矿渣堆处理，规划修筑挡土墙 7.14km。

（3）道路规划建设（图 8.11）：根据矿区范围内现有道路，结合边坡加固工程、挡土墙建设工程和矿山的开发利用，在矿区内设计初步的环山公路线路。道路设计线路既要保证矿区初期的生态修复工程施工需要，又要满足生态修复提升完善期矿山的开发利用需要。

3. 岩石边坡治理

对矿渣清理后遗留的岩石边坡进行阶梯整形、客土造林，增加林地面积。因考虑到崖壁的后续利用及矿渣清理后岩石边坡的具体情况，岩石边坡的治理方案在完善提升期结合利用方案做进一步规划（图 8.12、图 8.13）。目前仅重点针对矿山开采区的最外围区域开展修复工作。对现有边坡设计确定稳定坡率、完成支挡和削坡工作，以及坡顶、坡面的截水防渗工作。清理坡上附加荷载，确保边坡稳定，防止边坡失稳崩塌。对山体上存在影响岩体稳定性的裂隙，特别是有顺坡张裂隙的危岩体进行加固和防护。

图 8.10 吴田山矿区挡土墙分布图

图 8.11 吴田山矿区道路建设线路图

（a）开采立面

（b）开采阶梯

（c）开采平台

图 8.12　阶梯整形覆土绿化方法适用范围及当前现状

图 8.13　边坡现状

　　边坡加固主要方法为边坡稳定性治理。稳定性治理主要包括三个方面：上部削坡减载、下部综合支挡和疏排水措施。工程条件许可时，应优先考虑采用坡率法。现场条件不允许、放坡工程量太大或仅采用坡率法和截排水等措施不能有效提高其稳定性的崖壁，需进行人工加固。堆渣区周围 70%的边缘需要进行加固，或者挡墙，或者注浆等，边坡加固可以直接利用场内块石。

4. 崖壁修复及利用

　　吴田山矿区中东田生态修复区内，因露天采矿，矿区内留下了数百万平方米的裸露岩壁（图 8.14），崖壁分布相对集中且形态多样，在该区内对崖壁周边的矿坑和渣堆区开展清运和加固工程，同时对崖壁进行必要的平整和加固后开展后续的利用。在崖壁的修复过程中，结合雕刻工艺，打造具有地标性质的"长泰岩画谷"，充分发挥文化生态保护的作用。

图 8.14　崖壁现状

8.4.4　矿区水生态修复

吴田矿区山势陡峭，地下水位较高，崖壁渗水现场较多，在地下水和大气降雨丰富时，极易出现泥石流和水土流失问题，因此适合采用疏导水流的办法，建设截排水沟渠，引导地表水顺利流向山下水库和人工湿地，形成山体排水系统和景观水系（图 8.15）。

图 8.15　规划修建的截水沟、拦渣坝和人工湿地分布图

1. 水土流失治理

受多年岩石开采、运输等的影响，矿区及下游地区出现了不同程度的水土流失。规划在生态影响区内活盘水库上游河流两岸 100 m 范围内通过林木补植等措施进行植被恢复，水土流失治理面积 1.58 km^2。

2. 拦渣坝和沉砂池建设

在截排水沟渠上建设 2～3 个缓冲设施来阻挡石渣，沉淀泥沙，防止水土流失。规划形成拦渣坝 10 座。缓解水土流失造成的山下水库的淤积问题。

3. 截排水工程建设

为了将矿区内的大气降水进行合理利用和疏导，结合现状地形地貌，利用数字高程模型（digital elevation model，DEM）进行流域分析，规划修建截排水沟 7 条，共 13.27 km。

在原有河流和 7 条截排水沟上规划建设 10 个拦渣坝，沉淀泥沙，减少水土流失。

排水系统由 4 部分组成，分别为坡顶排水沟、坡道排水沟、坡底排水沟及坡中排水吊沟，横向排水系统从中间向两边排水。按实际设计尺寸，放样测量开挖槽沟，采用钢筋混凝土结构。

除跌水沟外所有排水沟均应设置变形缝，变形缝间隔 15～20 m（伸缩缝、沉降缝合一），变形缝宽 20～30 mm，缝中填塞沥青麻筋。接缝中尚需填塞防水材料，防止砌体漏水。防水材料可贴置在接缝处已砌墙段的端面上，也可在砌筑后再填塞，但均需沿壁内、外、顶三边填满、挤紧，填塞深度不得小于 15 cm。

排水系统修建应充分考虑现场自然地形、植被情况选择合适的线路，保证排水顺畅、不积水，排水坡度为 5%。坡顶截水沟距开挖坡顶线 2～5 m，同时：①坡顶截水沟，规划尺寸为 0.8 m×0.8 m 的截水沟，汇水接跌水沟引水到排水沟；②在坡面设置 0.8 m×0.8 m 的跌水沟，平台设置 0.8 m×0.8 m 的排水沟；③坡脚设置 1.0 m×1.0 m 的排水沟，汇水接已有排水系统。

4. 人工湿地建设

结合矿区地形地貌，利用矿区内现存的小型水体和矿区山体修复中矿坑分布的地形特点，建设 6 个人工湿地，作为灌溉和景观用水，增加山体景观多样性。

8.4.5 矿区林地生态修复

1. 疏林地复壮更新

现有林地面积（只包含标准林地，不包含疏林地）为 3.35 km^2，占规划区总面积的 28.85%。未达到标准的疏林地的面积为 0.82 km^2。规划对疏林地通过补植封育等措施，促进疏林地的复壮更新。

吴田山矿区天然林复壮更新区（图 8.16）主要包括原有林地稀疏区、林缘地带、山脚地带。应防止山体碎石、渣土等下移，对周边生态环境造成影响，必要时设置干砌石或浆砌石挡土墙。

稀疏区和林缘地带：林缘地带为矿山开采、弃渣范围以外与现有林地的交界处，易受散落块石、碎石影响，土壤极贫瘠。设计带状种植苗木 2～3 排，种植穴规格为 60 cm×50 cm×40 cm，苗木选择 2 年生全冠容器苗，苗高 50 cm 以上，地径 1.0 cm 以上，2～4月雨后栽植。设计 4 种参考模式，分别为马占相思＋银合欢、马占相思＋杨梅、翅荚木＋银合欢、枫香＋火力楠。

山脚地带：山脚地带为山脚至水库边缘之间，规划带状种植乔木。设计 3 种参考模式：杜英＋黄金宝树、火力楠＋红千层、红千层＋黄金宝树＋榕树。苗木规格同林缘地带。

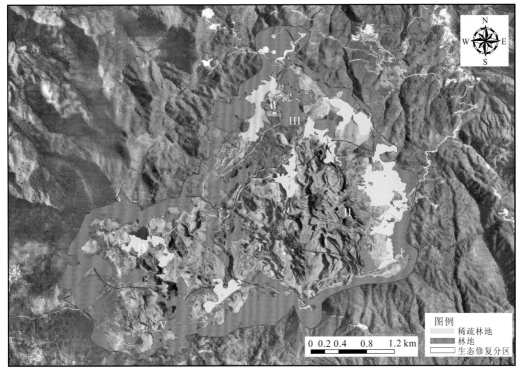

图 8.16 矿山修复区现有林地和与恢复林地分布图

2. 山林再造

对矿渣清理后的所有岩石边坡，通过削坡、阶梯整形、客土覆盖等措施进行山林再造，可恢复林地 0.67 km² （约 1 000 亩）。因考虑到崖壁的后续利用及矿渣清理后岩石边坡的具体情况，岩石边坡的造林复绿在完善提升期结合利用方案做进一步规划。

8.4.6 矿区农田生态修复

1. 新垦耕地

利用山体修复中形成的大面积平整土地（图 8.17），通过客土覆盖、土壤改良达到耕地质量标准，增加耕地面积 2.75 km²。

吴田山矿区农田新垦办法规划为：回填采坑→渣堆平整→边坡防护→修建拦挡措施→修建截排水沟→客土覆盖→土壤改良→交付耕作。

耕地（旱地）复垦标准：地面平整，坡度≤5°。耕作层为壤土（轻、中、重）、黏土、砂土，土层厚度≥50 cm，表土层厚度≥20 cm，表土层容重≤1.3 g/cm³。土壤 pH 为 5.5～8.0。有控制水土流失措施，防洪设施满足当地标准：为 10 年一遇最大 24 h 降水。在边坡及易发生水土流失的地方撒播草种、灌木种（苗），防止水土流失。

（a）新垦耕地

（b）恢复耕地

图 8.17 吴田山矿区新垦耕地和恢复耕地分布图

2. 复垦耕地

通过对比规划区内基本农田保护区面积与现状农田面积，对于采矿活动如工程占用和废渣压占导致的流失耕地，通过采矿废弃物清理、土地平整、覆土、土壤改良等措施，恢复耕地面积 $0.83\,km^2$（约 1200 亩）。新垦耕地和恢复耕地的建设标准见《土地复垦质量控制标准》（TD/T 1036—2013）。

8.4.7　矿区湖库生态修复

吴田山矿区主要有三个水库，其中两个水库处于矿区内部，分别是江新水库和水分流水库，另外一个是流域下游的活盘水库，位于长泰县陈巷镇上花村上活自然村，属九龙江北溪支流龙津溪。吴田山矿区对其主要的影响为淤积，导致库容减少，河床抬高，进而影响灌溉、排水等。

1. 水库底泥清淤扩容

对活盘水库、江新水库和水分流水库进行底泥清淤（图 8.18），共扩充库容 127.5 万 m^3。其中：活盘水库清淤面积为 $1.03\,km^2$，按平均清淤深度 $1.0\,m$ 计算，可清出淤泥和扩大库容 103 万 m^3；江新水库清淤面积为 $0.15\,km^2$，按平均清淤深度 $1.5\,m$ 计算，可清出淤泥和扩大库容 22.5 万 m^3；水分流水库清淤面积为 $0.02\,km^2$，按平均清淤深度 $1.0\,m$ 计算，可清出淤泥和扩大库容 2 万 m^3。

图 8.18　矿山修复区现有水库和与预计恢复区分布图

根据现行的《疏浚工程技术规范》（JTJ 319—1999），采用绞吸式挖泥船疏浚流态状淤泥。采用环保绞吸式挖泥船水下开挖湖底淤泥，开挖后的淤泥通过全封闭管道输送至指定区域内，排距较远时中途加设同特性接力泵船接力输送，这是目前国内外较为先进的湖泊环保清淤方法。

2. 水库清淤底泥的资源化利用

清淤出的 127.5 万 m^3 泥沙可基本满足吴田山矿区山林复壮更新和新垦耕地的客土和覆土。

把疏浚的底泥应用于吴田矿区的农田、林地、草地和湿地绿化，进行矿区严重扰动土地的修复与重建等，使疏浚的底泥重新进入当地自然环境的物质、能量循环中。

疏浚底泥中含有有机质和植物所需的营养成分，具有的腐殖质胶体能使土壤形成团粒结构，能保持土壤养分，是有价值的生物资源。用《土壤环境质量　农用地土壤污染风险管控标准（试行）》（GB 15618—2018）和《农用污泥中污染物控制标准》（GB 4284—2018）衡量疏浚底泥的污染程度和土地利用可行性指标。对于符合标准要求的疏浚底泥直接用于矿区农田生态系统的恢复用土。其他不达标的底泥施用于林地和草地绿地使用，可促进树木、花卉、草坪的生长，提高其观赏品质，并且不易构成食物链污染。疏浚底泥供用于修复矿区严重扰动的土地，则对人类生活潜在威胁较小，既处置了疏浚底泥，又恢复了生态环境，是一种很好的利用途径。

3. 江新水库景观再造

湖岸改造、水生植物种植、亭台和荷塘景观建设，将江新水库改造为具有观赏价值的湖面景观，在水库清淤库容的基础上对水库周边开展景观重建。周边水库范围内的污染源彻底清除后，本着"因地制宜、适地适树"的原则，设计水库周边景观林带。为尽早发挥水源涵养的保护作用，采用大树或大苗造林，景观林带建设采用多层次的"乔-灌-草"混交林模式。

模式一：该模式主要应用在水库沿岸，配置垂柳、枫杨等主要树种，以规格较大的枫杨作点缀，布设于水库沿岸附近，并在乔木林间隙栽植少量的灌木树种。

模式二：该模式主要应用于水库的主体区域，配置广玉兰、桢楠、合欢、红枫、木芙蓉等树种，其中红枫与木芙蓉栽植成块状，利于形成较好的景观效果，其他树种均匀栽植在水库周围，并在乔木林下均匀栽植多花蔷薇和三角梅等灌木树种，在地形较突出的位置，以黄葛树大树作为点缀。

模式三：在水源涵养林外围，栽植香樟、栾树等树种，并在其下栽植灌木树种，主要起固土保水和净化边坡上方汇集的水源。

水库内采用生态浮床技术以水生植物为主体，运用无土栽培技术的原理，以高分子材料等为载体和基质，应用物种间共生关系，充分利用水体空间生态位和营养生态位，从而建立高效人工生态系统，用以削减水体中的污染负荷。这样既可修复水体、治污防污，又可以美化水域环境，打造靓丽的水上景观。

典型的湿式有框浮床组成包括 4 个部分：浮床框体、浮床床体、浮床基质、浮床植物。

（1）浮床框体。浮床框体要求坚固、耐用、抗风浪，目前一般用 PVC 管、不锈钢管、木材、毛竹等作为框架，本项目浮床框体采用 PVC 管，该管无毒无污染，持久耐用，价格便宜，重量轻，能承受一定冲击力。

（2）浮床床体。浮床床体是植物栽种的支撑物，同时是整个浮床浮力的主要提供者。本项目使用的是聚苯乙烯泡沫板。这种材料具有成本少、浮力强、性能稳定的特点，而且原材料来源充裕、不污染水质，材料本身无毒疏水，方便设计和施工，重复利用率较高。

（3）浮床基质。浮床基质用于固定植物植株，同时要保证植物根系生长所需的水分、氧气条件，也能作为肥料载体，因此基质材料必须具有弹性足、固定力强、吸附水分、养分能力强、不腐烂、不污染水体、能重复利用等特点，而且必须具有较好的蓄肥、保肥、供肥能力，保证植物直立与正常生长。本项目使用的浮床基质为海绵。

（4）浮床植物。植物是浮床净化水体的主体，需要满足以下要求：适应当地气候、水质条件，成活率高，优先选择本地种；根系发达、根茎繁殖能力强；植物生长快、生物量大；植株优美，具有一定的观赏性；具有一定的经济价值。本项目使用的浮床植物有水生美人蕉、香根草、香蒲、菖蒲、石菖蒲、水浮莲、凤眼莲等。

结合水库周边地形地貌在水库周边建设邻水步道，选择较好景观区域建设亭台。

8.4.8　矿区草地生态修复

1. 边坡种草复绿

对清理后保留的堆渣边坡进行加固处理和种草复绿（图 8.19），边坡复绿面积 0.19km²。

图 8.19　矿区恢复现有草地和恢复草地分布图

平整覆土后的土质边坡和矿区保留的原有边坡绿化采用厚层基材客土喷播复绿（客土喷播）进行边坡复绿。利用混凝土喷射机将基材与植物种子的混合物按照设计厚度均匀喷射到需要防护的工程坡面。

对坡度较大的边坡通常采用挂网喷播法，先在坡面上钉网（钉镀锌铁丝网、PVC包塑铁丝网），然后再将复绿基材（由泥炭土、植物纤维、客土、有机肥、保水剂、黏合剂、植物种子等组成）喷射黏附到钉网的坡面上，通过植物的生长、根系的固结作用，从而达到绿化和护坡的目的。在喷射的基土中加入一定配比的氮、磷、钾和有机质等植物生长必需的营养物质，同时加入专用的微生物菌群复合制剂进一步有效提高土壤微生物活性，调节土壤质地，塑造土壤团粒结构，提高土壤孔隙度，有效增强土壤肥力的转化与吸收能力，增强土壤有效肥力。

2. 乔灌草复合生态系统建设

在6 000多亩新建林地中选择适宜草种实现人工林地的乔-灌-草结合，增强涵养水源和水土保持能力。

8.5　废弃矿区综合开发利用

8.5.1　吴田山生态经济区综合开发利用总体思路

吴田山生态经济区综合开发利用方案规划，以打造国家级"山水林田湖草"综合治理样板区，成为长泰县生态文明建设"新亮点"和区域经济转型发展"新动力"为目标。以"生态产业化，产业生态化"为指导思想；合理利用因采矿形成的独特的地形地貌，布局相应产业，对于渣堆废石，就地取材，变废为宝；导入五大绿色业态，以"F+EPC+O"（投融资+设计施工+运营）的商业模式，集结各方优质资源，促进产业发展转型，解决原住民就业安居、收入增长问题。

8.5.2　吴田山生态经济区综合开发利用功能分区

结合吴田山矿区内独具特色的地形地貌及县域内产业升级转型的需求，因势利导，引入都市农业、旅游度假、国际教育、康养社区、文旅地产五大业态，产业融合发展、全域布局（图8.20~图8.22）。

1. 都市休闲农业片区

在生态经济区北部，山谷之地，现有大片农田邻近江新水库，水源充足。整体地势相对平缓，风光怡人，适合发展都市农业。此区域可规划观光休闲农业、特色餐厅等配套、生态绿色农业（农业蔬菜等）、体验农庄（农事体验等）等（图8.22）。

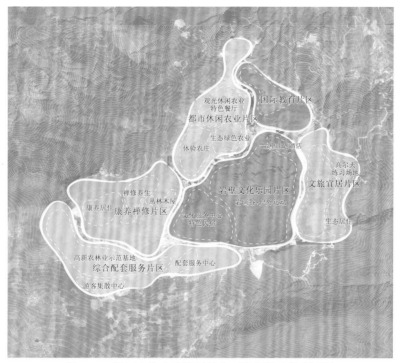

图 8.20　吴田山生态经济区综合开发利用功能分区图

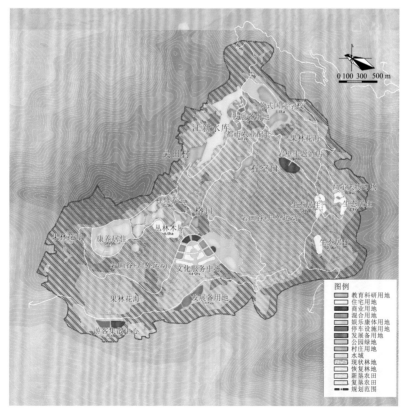

图 8.21　吴田山生态经济区综合开发利用规划图

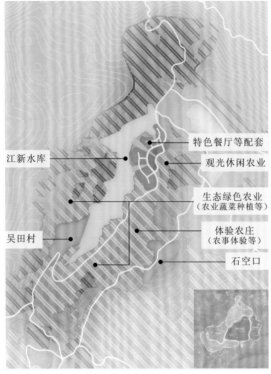

图 8.22　都市休闲农业片区规划利用图

　　都市农业概念的嵌入既贯彻"以农为本"的县域产业发展理念，又可将农业业态导入矿区内生态修复后产生的新增耕地及复垦后的农业用地区域，维系原生态农业景观，同步开发观光休闲农业区域，提供共享农庄吸引城市游客进行农事体验，开拓创建特色农产品品牌，增加农业附加值。不仅保障原住农民增效增收，还可吸引外来人口，带动传统产业向新型产业转化（图 8.23、图 8.24）。

图 8.23　观光农业、景观农业开发利用模式

图 8.24　打造吴田山特有的农产品 IP

2. 岩壁文化乐园片区

在生态经济区中部，矿山裸露岩壁集中区，地势高差变化大，形态多样，适合设置长泰岩画谷、极限运动、旅游服务中心、特色民宿、精品酒店（岩壁主题酒店）等（图 8.25）。

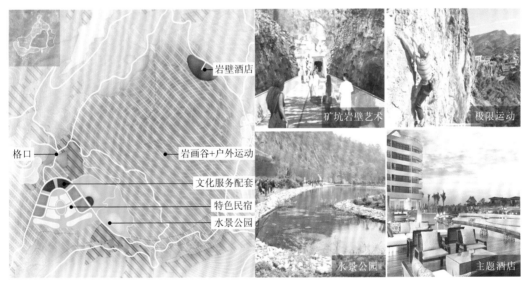

图 8.25　岩壁文化乐园片区规划利用图

吴田山矿区近 30 年的开采，留下了数百万平方米的裸露岩壁。在崖壁修复过程中，结合雕刻工艺，携手中国文化传媒集团、中国岩画学会，打造长泰"世界岩画谷"项目，为长泰县乃至福建省增添一张世界级的文化旅游名片。

利用岩石开采形成的岩壁、矿坑、地势，引进攀岩、蹦极、山地自行车等极限运动，因地制宜地打造闽南地区独有的户外运动基地，与长泰漂流、皮划艇、乐动谷运动特色小镇相辅相成，加速带动长泰县旅游经济的发展。利用采矿形成的特色地貌，就势建造精品酒店。充分利用吴田村、石空口村、格口村的现有民房，重新改造，建成特色民宿。

3. 国际教育片区

在生态经济区北部，为矿渣堆积台地，地势平坦视野开阔（图8.26），可规划引进一流的英式传统寄宿制国际学校，学校用地面积约 $9\,hm^2$。

图 8.26 国际教育片区规划利用图

国际学校在中国办学已有二十余年历史，以多样化的国际课程和考试，良好的语言环境，多元化的教学体系，可满足欧、美、中各类别高校升学的衔接需求而著称。福建省域内国际学校特别是英式高端教育品牌市场空白，长泰县吴田山地区紧密连接厦漳泉三大区域，交通便利，生态环境优美，可规划占地100~200亩引进一所顶尖英式寄宿制国际学校，主要生源年龄在4~18岁，学校初期目标规模为1000人左右。建成后可带动区域内产业加速融合提升，集结优质教育资源，增强长泰县在厦漳泉区域的带动性和吸附能力。

4. 康养禅修片区

在生态经济区西部，山谷幽地，有水分流水库，水位恒定，湖水清澈，空气清新，地势较为平缓，风光秀丽，可规划康养居住、禅修养生、丛林木屋等（图8.27）。

立足于吴田山生态环境综合治理后的山水田园风光，建设医养结合、持续照护、文化养老为特色的高端康养社区，全方位满足两小时交通圈及周边地区对修心、修身、养老有需求的人群，力求实现人与自然和谐统一的生态建设目标。

5. 文旅宜居片区

在生态经济区东部，原为矿渣堆积台地，视野开阔，可以远眺群山，可规划为生态居住、休闲会所等（图 8.28）。

图 8.27　康养禅修片区规划利用图

图 8.28　文旅宜居片区规划利用图

吴田山生态环境综合整治后，环绕山水林田湖草全方位生态景观，空气清新，是生态宜居的理想场所，结合吴田山生态经济区及周边地区的旅游资源，开发文旅地产，诠释"山美水美生活美"的意境。

6. 综合服务配套片区

在生态经济区南部，主入口区，原为矿渣堆积台地，东南方向视野开阔，可规划高新农业林示范基地、游客集散中心、配套服务中心等（图 8.29）。

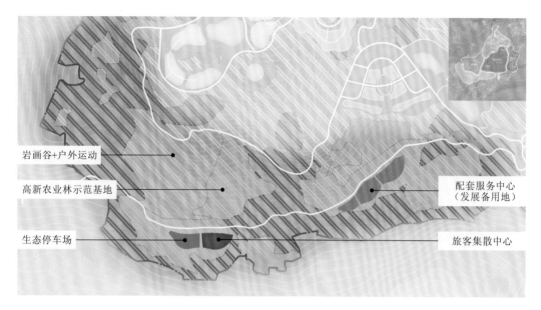

图 8.29　综合服务配套片区规划利用图

8.6　效益分析及前景展望

8.6.1　生态效益

吴田山矿区生态修复尊重自然，坚持以自然方式治理，以实现矿区土地资源再利用和矿山生态环境综合修复，既符合山水林田湖草共同体的理念，也符合现代生态文明建设的要求。矿区现有裸露岩壁面积将大幅减少，植被可覆盖整个矿区，覆盖率实现 70% 以上，林地面积最高可增加 500 hm²，植被将以乔木为主，灌木与草本立体绿化模式，部分修复土地也可转化为耕地，最高可增加面积 240 hm²。矿区内大面积的植被可有效地减弱土壤侵蚀，涵养水源，改善土壤肥力，结合边坡修复和拦渣坝的建设，水土流失现象消失，滚石、滑坡、泥石流等自然灾害隐患消除。河道修复与清淤将有效扩大水库面积 25 hm² 左右，提供客土量 100 万 m³。总之，吴田山矿区生态修复将吴田山换回原本青山绿水的面貌，全面改善和提升了县域生态环境质量，具有十分显著的生态效益。

8.6.2　经济效益

吴田山矿区生态修复主要目标是地质环境恢复和综合生态环境治理。生态修复主要投入包括清理矿渣 3 000 万 m³、削坡 250 万 m³、边坡加固 20 km、清淤工程 150 万 m³、河道修复 10 km 以上、覆土量 160 万 m³、乔木 34 万株、相关农业水利交通通信等设施建设，预期共计投入 50 亿左右。吴田山矿区生态修复治理优先，结合土地综合利用再开发，后期的商业、旅游等建设可带动经济 120 亿元，解决当地农民就业问题，提高长泰县税收收入。

8.6.3 社会效益

吴田山矿区生态修复初步方案是依据党的生态文明建设相关要求提出来的，其修复方案符合国家当前矿山治理的指导思想，也符合福建省和长泰县政府对矿山生态环境整治相关政策要求。矿山修复后生态环境改善，生态功能提升，既符合绿水青山就是金山银山的理念，也完全解决了当地的矿山生态环境修复的压力。修复后的土地资源再利用，进一步带动了本地的经济发展，解决当地农民的就业问题，经济生态协调发展，实现和谐社会的建设。

第9章 漳州台商投资区矿山废弃地生态修复

9.1 废弃地概况

9.1.1 地理区位

福建省漳州台商投资区地处福建省龙海市东北部，是漳州、厦门城市联盟的连接点，是福建省最早开发的外向型工业区之一，也是规划中的漳州次中心城区（图9.1）；此地距台北、台中、高雄约300km；距厦门岛15km，是厦门市环岛"半小时经济圈"和海湾型城市建设的重要组成部分。

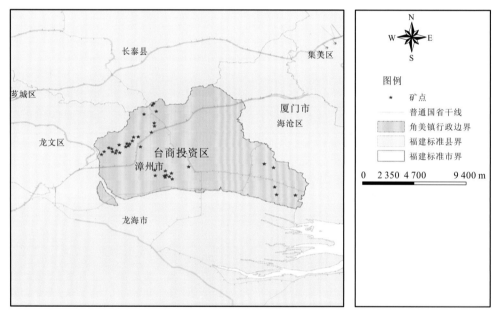

图9.1 漳州台商投资区地理区位图

漳州台商投资区具有独特的区域优势，地处九龙江入海口，东与中国（福建）自由贸易试验区厦门片区海沧园区相邻，西接漳州市龙文区，北隔天成山与长泰县接壤，南临九龙江与紫泥镇相望。区内港口资源丰富，是海沧港区重要组成部分和闽东南重要的水陆交通枢纽。沿九龙江河口岸线长26.88km，区域总面积163km²。

9.1.2 区域自然条件

漳州台商投资区属季风亚热带气候，全年气温21.2℃，1月平均气温13.5℃，7月平均气温 28.7℃，全年无霜期 330 d 左右，年降水量 1470 mm，平均相对湿度 82%，年平均日照 2089 h，常年主导风向为东风，年平均风速 1.9 m/s，每年 4～9 月为台风季节。整体看该地区气候温和，雨量充沛。地貌地形以河口平原、红土台地和丘陵为主。丘陵和红土台地主要分布在西部大人庙和东部白礁一带。丘陵海拔大多在 150～400 m，多呈圆包状山顶和平缓山坡。河口平原主要分布在中部角美镇区一带。本区域是第四系全新统海积层为主的沉积地带，西北部丘陵由花岗岩组成。东部文圃山及北部石鸡山由火山岩组成。平原覆盖层由第四系洪冲积层组成，厚度一般在 10 m 以内，岩性有积土、砂土、淤泥等，基岩为花岗岩类。

区域内地表水资源丰富，主要水系有：①九龙江，在区域内主要有苍坂、龙屿、埔头三条支流。②北引左干渠，它贯穿于角美镇区中部，是角美镇和厦门的主要水源供给干流。③水库，区域内共有小型水库 7 座，总库容 1410.30 万 m³。地下水以孔隙水为主，地下水资源较为缺乏且分散，一般水位埋深较浅矿化度较低，水质良好。土壤类型以赤红壤、红壤、黄壤和耕作土为主。红壤面积最大，约占 62%，赤红壤次之，约占 16%，黄壤和耕作土分别约占 8% 和 9%，此外，还有少量紫色土（约占 2%）、冲积土、红色石土和滨海风沙土、盐渍土。区域土壤的微量元素 Hg、Cd、Sn 平均含量显著高于福建省和全国土壤背景值；As、Cr、Ni 平均含量与全国土壤背景值相比则表现出较低水平，Pb、Zn 等元素平均含量则相对全国土壤背景值有一定程度的富集。该地区地带性植被属闽南博平岭湿润亚热带雨林小区。原生植被为亚热带雨林，由于历代的破坏，保留较好的极少，多已演替为次生植被。在天然植被中，主要有针叶林、针阔混交林、常绿阔叶混交及常绿阔叶林、亚热带雨林、竹林、灌丛、草丛和红树林 9 种植被类型 100 多个群系。主要树种有马尾松、桉树和毛竹；其次为樟树、杨柳、榕树等；灌木草类主要有芒箕骨、盐肤木、桃金娘、野牡丹及茅草等。栽培的主要果树有荔枝树、龙眼树、番石榴树、芒果树、柑橘树、香蕉树、凤梨树、柚子树、咖啡树等。

9.1.3　社会经济状况

漳州台商投资区辖角美镇及所属 41 个村居（7 个居、32 个村、1 个农场、1 个机关）；总人口 26.8 万人，其中常住居民总户数 36 856 户，常住人口 13.2 万人，外来人口 13.6 万人。漳州台商投资区工业蓬勃发展，工业门类众多，经过多年的发展，已培育形成电子光电、汽车制造、金属材料、食品加工、纸制品五大产业体系。台资企业成为区域经济发展的重要支撑，已有台塑、统一、泰山、灿坤、长春化工和福贞六大上市企业集团在区内发展良好。2017 年，漳州台商投资区地区生产总值 266.62 亿元，同比增长 8.0%；规模以上工业增加值 175.16 亿元，同比增长 8.0%，规模以上工业总产值 700.83 亿元，同比增长 8.3%；全社会固定资产投资额 305.34 亿元，同比增长 13.1%；公共财政总收入 33.16 亿元，同比增长 13.9%；实际利用外资 11 亿元，同比增长 18.4%；城镇居民人均可支配收入 34 435 元，同比增长 8.9%；农村居民人均可支配收入 17 469 元，同比增长 8.5%。

漳州台商投资区内主要道路交通网络四通八达，供电、给水、污水处理等设施完善。国道 324、319 线，沈海高速、厦成高速、福广高速（沈海高速复线）、鹰厦铁路、龙厦高铁、厦深高铁、厦漳跨海大桥以及建设中的厦漳泉城际轻轨、厦漳同城大道均横贯全区。区内城市快速路、主干（次）路等数十条路网全面覆盖，全区形成了"五横七纵"大交通格局。已建成2座日供10.75万t的自来水厂、3座日处理8.5万t的污水处理厂、1座垃圾无害化填埋场，以及2座22万伏、3座11万伏、1座3.5万伏输变电站；区内海岸线长3.5km，可建设万吨级以上的泊位16个，目前在建2个3.5万t级码头泊位，是厦门港海沧港区的重要组成部分，也是闽东南重要的水陆交通枢纽；区内拥有7所中学、38所小学、2座公园、4处温泉休闲健身馆，医院、星级酒店、购物商场、休闲娱乐场所等公共配套一应俱全，生活住宅小区品位高尚，城镇功能完备，服务机构完整，服务体系完善。

9.1.4　采石业发展现状

漳州台商投资区内矿产资源迄今已发现高岭土、砖瓦用黏土、地热、建筑用花岗岩、建筑用凝灰岩、饰面用花岗岩等6种矿产，探明资源量中，高岭土1832万t、建筑用花岗岩3856万 m^3，饰面用花岗岩161万 m^3，地热7.3万t/a，建筑用凝灰岩6.45万 m^3，未发现能源矿产和金属矿产。区内矿产资源特点为资源贫乏，种类单一，地质勘探投入少。区内出露的岩性以花岗岩为主，东部见侏罗纪凝灰岩出露。

目前区内矿产品主要为建筑用碎石、角石，饰面用板材，主要供应本区建设之用。本区目前未设置探矿权，已设置采矿权19个，其中4个开采中，15个停采。建设规模建筑用花岗岩为10~20万 m^3/a，饰面用花岗岩为0.5万 m^3/a，矿区总面积1.12 km^2，全区现有的4座开采矿山，其中建筑用花岗岩大型矿山2座。2015年总产量为17.2万 m^3，矿业产值为774万元。饰面用花岗岩中型矿山2座，2015年总产量为0.86万 m^3，矿业产值为430万元。

9.2　土地利用现状和生态修复范围分区

9.2.1　区域土地利用现状

漳州台商投资区2017年土地利用现状如下：耕地面积为2711.1 hm^2，林地面积为2257.54 hm^2，园地面积为2192.48 hm^2，草地面积为422.79 hm^2，城村镇及工矿用地面积为4615.1 hm^2，交通运输用地面积为959.43 hm^2，水域面积为517.38 hm^2。台商投资区2020年土地利用规划情况为耕地面积为2133.33 hm^2，林地面积为2259.51 hm^2，园地面积为2142.32 hm^2，城村镇及工矿用地面积为4955.95 hm^2，交通运输用地面积为893.78 hm^2，水域面积为517.38 hm^2。

本次矿山生态修复的三大片区的用地规划（图9.2、图9.3）情况如下：西山片区主要是较大面积的特殊用地和二类工业用地，以及小范围的道路用地、商业服务业设施用地。九龙江片区主要是郊野公园和二类工业用地，其中又以郊野公园为主。金山片区主要是特殊用地、公园用地和工业用地。

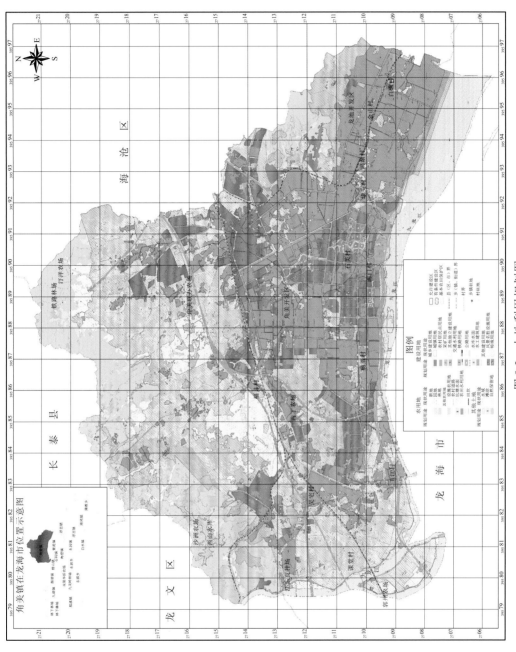

图 9.2　土地利用规划图

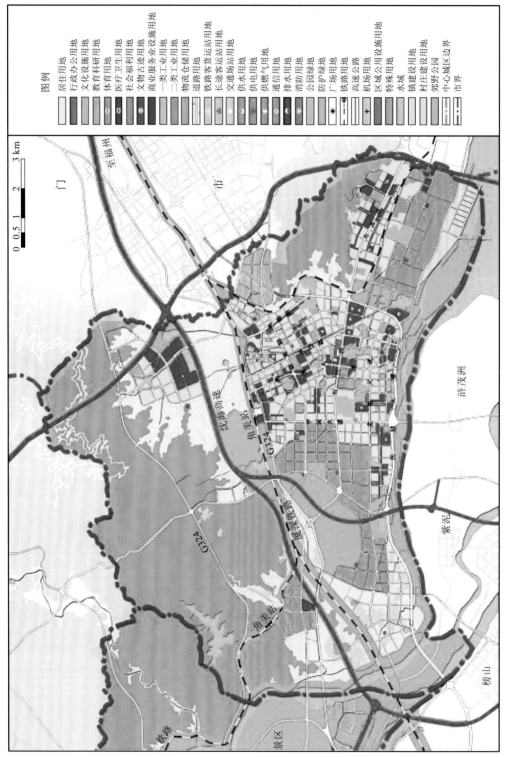

图 9.3　用地规划图

9.2.2　生态修复范围分区

在漳州台商投资区矿产资源总体规划中明确提出了如下的矿山生态环境保护与恢复治理任务：任务目标是至 2020 年，禁止出现新的采矿活动，地质环境恢复治理率达80%以上。根据漳州台商投资区土地利用规划，以及区域环境特点、经济基础、资源优势、生态现状，结合漳州创建国家级生态市和生态文明先行示范区的战略部署和重点突出打造区域性旅游目的地和旅游集散中心的总体目标，确定了一个重点治理区和两个一般治理区（图 9.4）。

一个重点治理区即西山重点治理区，该区位于漳州台商投资区西部丘陵区，该区域有 19 家矿山企业，过往主要开采建筑用花岗岩矿，目前这 19 家矿山企业均已停止开采。该区治理重点放在矿山开采影响范围内的地质环境恢复及山体边坡的治理。两个一般治理区即金山一般治理区和龙口山一般治理区。金山一般治理区内有 2 座矿山，主要开采饰面用花岗岩矿；该区治理的重点放在地质环境恢复及山体边坡，尽可能治理边坡和工业广场环境。龙口山一般治理区内有 1 家矿山，主要开采饰面用花岗岩，目前该矿区已经停止开采；该区治理重点放在地质环境恢复及山体边坡，尽可能治理边坡和工业广场环境。

以漳州台商投资区整个行政区为研究区域，生态修复范围包括区内所有矿山废弃地。结合地理分布和矿山类型，将漳州台商投资区内 32 个矿山废弃地划分为 3 个生态修复分区（图 9.5）。西北部 1～19 号矿山废弃地为西山生态修复区，南部 20～28 号矿山废弃地为九龙江生态修复区，东南部 29～32 号矿山废弃地为金山生态修复区。

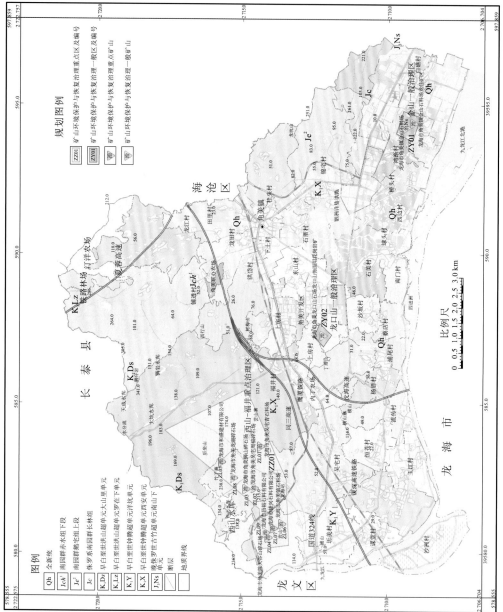

图 9.4 漳州台商投资区矿山地质环境重点治理区划图

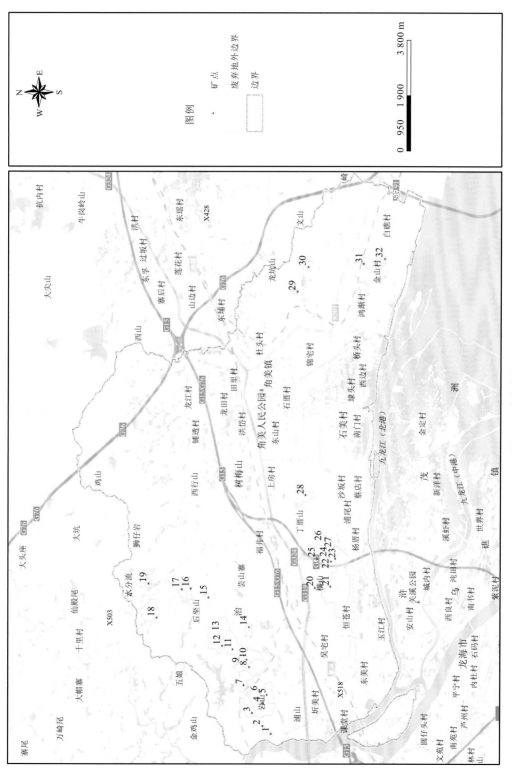

图 9.5　生态修复分区图

9.3　矿山废弃地生态环境调查

9.3.1　西山片区矿山废弃地概况

西山片区以吴宅村和坂美村一线区域为核心，地理位置介于 117°47'12"～117°50'23"E，24°31'15"～24°34'37"N。西山片区矿山废弃地原矿山类型主要为建筑用花岗岩，少量为饰面用花岗岩，开采方式均为露天开采（图9.6）。该片区矿山废弃地主要为露天采场、排土/岩场、工业场地、石料场、取土场、矿区道路等。由于分布较多碎石场，露天筛分破碎机械产生大量粉尘，空气质量状况较差。废弃地内岩石裸露程度高、碎石多、水土流失严重，自然生态系统基本被摧毁，局地仅存有少量自然植被与零星人工植被。

图9.6　西山片区全貌

该片区共包括19个矿山，总面积约393hm²。现已全部停采，具体分布如图9.7所示。

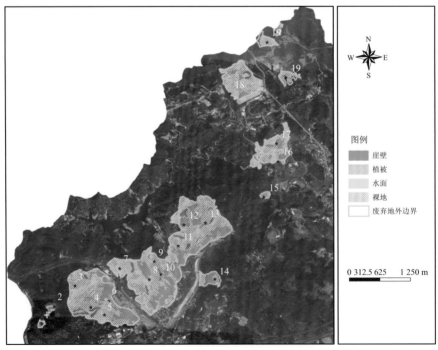

图9.7　西山片区矿山废弃地分布图

依据区位分布情况，1～6 号矿山集中位于铁路西侧，将其划分为铁路西侧亚片区；7～14 号矿山集中位于铁路东侧，将其划分为铁路东侧亚片区；15～19 号矿山集中位于西山片区北部，将其划分为西山北部亚片区。

按矿山类型，该片区包括 16 个建筑用花岗岩、1 个饰面花岗岩（13 号）与 2 个取土点（18 号和 19 号）；按开采规模，该片区包括 5 个小型、14 个大型矿山。基本情况见表 9.1。

表 9.1　西山片区矿山废弃地基本情况表

所属分区	编号	矿山类型	地貌条件	植被覆盖度/%	面积/hm²
铁路西侧亚片区	1	建筑用花岗岩	岩质	45.00	1.44
	2	建筑用花岗岩	岩质	27.00	1.60
	3	建筑用花岗岩	岩质	14.18	21.16
	4	建筑用花岗岩	岩质	1.25	32.10
	5	建筑用花岗岩	岩质	8.27	24.17
	6	建筑用花岗岩	岩质	37.51	21.33
铁路东侧亚片区	7	建筑用花岗岩	岩质	7.00	24.56
	8	建筑用花岗岩	岩质	17.48	29.57
	9	建筑用花岗岩	岩质	15.06	17.00
	10	建筑用花岗岩	岩质	45.26	29.25
	11	建筑用花岗岩	岩质	26.19	34.48
	12	建筑用花岗岩	岩质	17.51	32.03
	13	饰面用花岗岩	岩质	25.06	30.41
	14	建筑用花岗岩	岩质	40.00	8.85
西山北部亚片区	15	建筑用花岗岩	岩质	0	1.95
	16	建筑用花岗岩	岩质	9.84	15.44
	17	建筑用花岗岩	岩质	6.72	16.51
	18	取土点	沙质	10.52	36.12
	19	取土点	沙质	0	15.03

9.3.2　西山片区矿山废弃地现状调查

1. 铁路西侧亚片区

铁路西侧亚片区位于铁路西侧，共包括 6 个矿区（图 9.8）分别为：1 号龙海市畚箕湖建筑用花岗岩矿区、2 号龙海市课堂建筑用花岗岩矿区、3 号龙海市角美陈大谷山碎石场、4 号龙海市昌裕石料有限公司大卡湖建筑用花岗岩矿区、5 号龙海市角美镇石料场、6 号龙海市捷兴石料有限公司。图 9.8 为铁路西侧亚片区各矿山废弃地分布图。

1）1 号矿山废弃地

1 号矿山废弃地位于西山片区的西部（图 9.9、图 9.10），距九龙江直线距离约为 1 km，面积约为 1.44 hm²，通过激光雷达扫描测得（图 9.11）开采高程介于 23～105 m，平均高程约为 64 m，边坡宽度约为 257 m，范围见表 9.2。矿产类型为建筑用花岗岩，开采规模为小型，资源量为 60 万 m³。该矿山废弃地为露天采场，边坡较陡，坡度介于 50°～90°。

图 9.8　铁路西侧亚片区矿山废弃地分布图

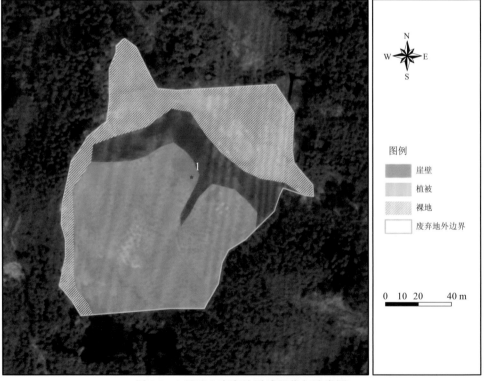

图 9.9　1 号矿山废弃地遥感影像与地类图

图 9.10　1 号矿山废弃地全貌

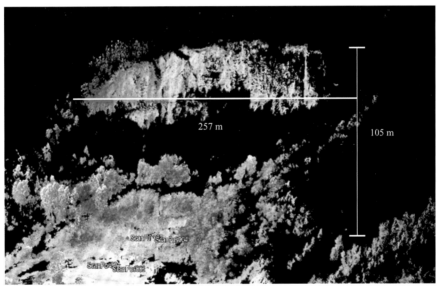

图 9.11　基于激光雷达扫描的矿山废弃地三维地形现状

图中远处黄色区域为裸露边坡，近处绿色区域为植被；近处黄色区域为工业场地，黑色区域为扫描阴影

表 9.2　1 号矿山废弃地基本情况表

总面积/hm²	林地面积/hm²	裸地面积/hm²	平均高程/m	中心点坐标	拐点坐标
1.44	0.83	0.98	64	117°47'20"E，24°33'07"N	117°47'17"E，24°31'23"N
					117°47'17"E，24°31'16"N
					117°47'24"E，24°31'16"N
					117°47'20"E，24°31'23"N

目前，由于停采时间较长，该矿山废弃地的裸露边坡和工业废弃地已有乔木与草本生长，植被状况较好，优势树种为相思树与桉树，林地面积约 0.83 hm²，植被覆盖度约45%（图 9.12）。该矿山废弃地周边为省级生态公益林，林种为水土保持林，亟须进行生态修复。工业场地的机器设备、临时厂房已拆除，局地除堆放零散碎石和沙质土外，工业场地和道路已进行了土地平整，裸地面积约 0.98 hm²。

（a）岩质边坡　　　　　　　　　　　（b）工业场地沙质土堆放处

（c）平整的工业场地　　　　　　　　　（d）植被生长状况

图 9.12　1 号矿山废弃地现状

2）2 号矿山废弃地

2 号矿山废弃地位于西山片区的西部（图 9.13），临近 1 号矿山废弃地，距九龙江直线距离约 2 km，面积约 1.60 hm²，通过激光雷达扫描测得开采高程介于 24～59 m（图 9.14），平均高程约 41 m，范围见表 9.3。矿产类型为建筑用花岗岩，开采规模为大型，资源量为 100.62 万 m³。该矿山废弃地为露天采场，边坡较陡，坡度介于 60°～90°。

目前，由于停采时间较长，该矿山废弃地的裸露边坡和工业废弃地已有乔木与草本生长，植被状况较好，优势树种为巨尾桉、相思树，林地面积约为 0.91 hm²，植被覆盖度约 27%（图 9.15）。该矿山废弃地周边为省级生态公益林，林种为水土保持林，亟须进行生态修复。工业场地的机器设备、临时厂房已拆除，土壤为沙质，工业场地内有小坑积水，工业场地和道路已进行了土地平整（图 9.16）。

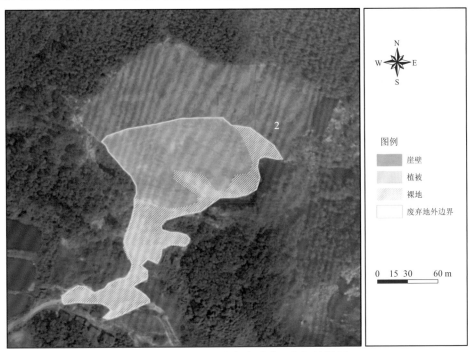

图 9.13　2 号矿山废弃地遥感影像与地类图

图 9.14　基于激光雷达扫描的矿山废弃地三维地形现状

图中远处绿白相间区域为山顶植被，近处绿色区域为植被；近处黄色区域为岩质边坡与工业场地

表 9.3　2 号矿山废弃地基本情况表

面积/hm²	平均高程/m	中心点坐标	拐点坐标
1.60	41	117°47'19"E，24°31'19"N	117°47'18"E，24°31'22"N
			117°47'18"E，24°31'17"N
			117°47'17"E，24°31'18"N
			117°47'22"E，24°31'19"N

图 9.15　2 号矿山废弃地全貌

（a）工业场地积水坑　　　　　　　　　　（b）植被生长状况

图 9.16　2 号矿山废弃地现状

3）3 号矿山废弃地

3 号矿山废弃地（图 9.17）调查点经纬度为 117°47'48"E，24°31'50"N。其原矿产类型为建筑用花岗岩，现废弃地内有水体，面积约为 0.44 hm^2；岩质边坡，边坡介于 60°～90°，边坡有碎石，边坡顶端有零星乔木与草本覆盖，树种多为巨尾桉；工业场地与道路多已整平，工业场地有机械堆放，已停产；土质地表，覆零星草本，地表水土流失严重（图 9.18）。

4）4 号矿山废弃地

4 号矿山废弃地（图 9.19）调查点经纬度为 117°47'57"E，24°31'46"N。其原矿产类型为建筑用花岗岩，现已停采；岩质边坡，角度为 40°～50°，覆大量碎石；通往坑底道路堆放大量方料石块；边坡顶端有乔木与草本覆盖，树种多为巨尾桉与相思树；工业场地与道路多已整平，有机械、石块堆放；土质地表，覆零星草本（图 9.20）。

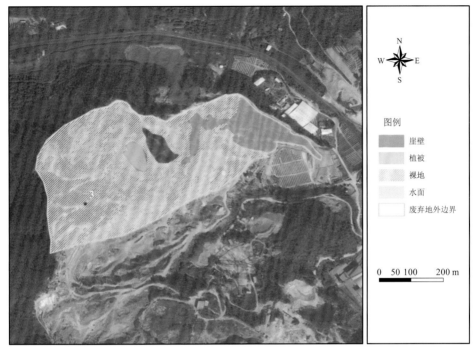

图 9.17　3 号矿山废弃地遥感影像与地类图

（a）3 号矿山废弃地全貌

（b）岩质边坡

（c）土质地表

（d）水土流失严重　　　　　　　　　　（e）工业场地平整

图 9.18　3 号矿山废弃地现状

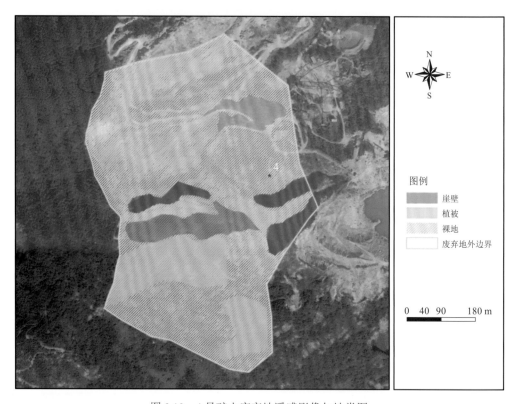

图 9.19　4 号矿山废弃地遥感影像与地类图

5）5 号矿山废弃地

　　5 号矿山废弃地（图 9.21）调查点经纬度为 117°48'07"E，24°31'27"N。其原矿产类型为建筑用花岗岩，现废弃地内有水体，面积约为 1.52 hm²，水质清澈；开采石壁呈半弧形，岩质边坡，边坡垂直开采且覆有碎石，边坡顶端有乔木与草本覆盖，树种多为巨尾桉与相思树；开采石壁前有大片平整工业场地，工业场地有机械、石块堆放，已停产；土质地表，覆零星草本（图 9.22）。

（a）4号矿山废弃地全貌

（b）边坡覆大量碎石

（c）工业场地方料堆放

（d）工业场地机械堆放

（e）道路平整

图 9.20　4 号矿山废弃地现状

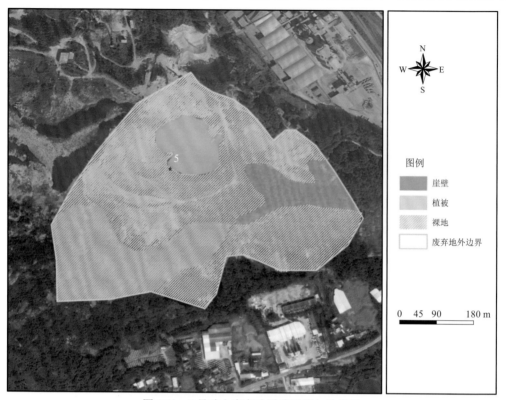

图 9.21　5 号矿山废弃地遥感影像与地类图

（a）5号矿山废弃地全貌

（b）岩质边坡　　　　　　　　　　　　　（c）岩质边坡覆碎石

（d）工业场地机械堆放　　　　　　　　　　（e）工业场地碎石堆放

（f）废弃地水体　　　　　　　　　　　　（g）平整工业场地

图 9.22　5 号矿山废弃地现状

6）6 号矿山废弃地

6 号矿山废弃地（图 9.23）调查点经纬度为 117°48'01"E，24°31'31"N。其原矿产类型为建筑用花岗岩，阶梯式露天开采，现已停采；岩质边坡，边坡垂直开采且覆有碎石，边坡顶端与道路边有乔木与草本覆盖，树种多为巨尾桉；开采石壁前有大片平整工业场地，土质地表，栽种相思树，生长状况良好；工业场地无机械与石块堆放（图9.24）。

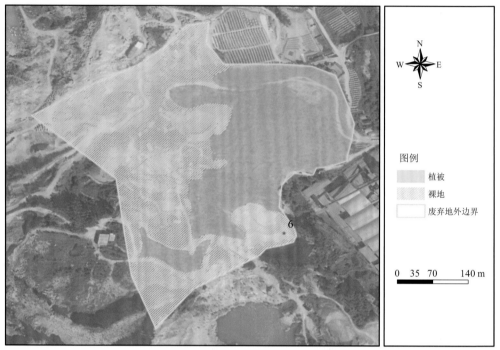

图9.23　6号矿区废弃地遥感影像与地类图

（a）6号矿山废弃地全貌

（b）岩质边坡 （c）工业场地

（d）边坡覆碎石 （e）边坡零星植被

（f）水土流失严重 （g）人工种植相思树

图9.24 6号矿山废弃地现状

2. 铁路东侧亚片区

铁路东侧亚片区位于铁路东侧（图9.25），共包括8个矿区分别为：7号南昌铁路局厦门工务段西山采石场、8号龙海市角美大坑山碎石场、9号龙海市角美狮山碎石场、10号龙海市角美吴宅周福碎石场、11号角美龙湖碎石场、12号龙海市立基石材有限公司、13号龙海市和盛建材有限公司大碑头花岗岩矿、14号龙海市角美吴宅青石料场。

7～14号矿山废弃地总面积约为206.15 hm²，林地面积约为49.54 hm²，裸地面积约为152 hm²，植被覆盖度为24%。开采高程介于20～213 m，平均高程约为117 m，范围见表9.4。其中13号龙海市和盛建材有限公司大碑头花岗岩矿为饰面用花岗岩，其余7个矿山废弃地的原矿产类型为建筑用花岗岩。

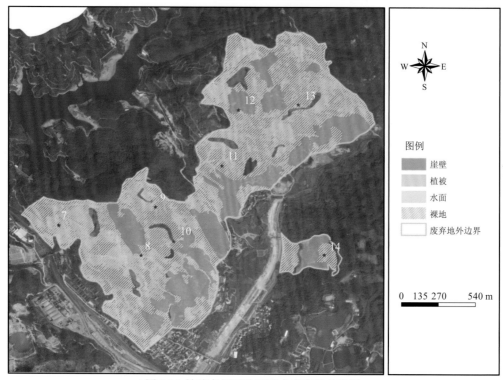

图 9.25 铁路东侧亚片区矿山废弃地分布图

表 9.4　7～14 号采矿废弃地基本情况表

总面积/hm²	林地面积/hm²	裸地面积/hm²	水体面积/hm²	平均高程/m	中心点坐标	拐点坐标
206.15	49.54	152	0.01	117	117°48'48"E，24°32'02"N	117°48'05"E，24°31'57"N
						117°48'34"E，24°31'24"N
						117°48'56"E，24°32'42"N
						117°49'29"E，24°32'20"N

1）7 号采矿废弃地

7 号矿山废弃地（图 9.26）的调查点坐标为 117°48'11"E，24°31'57"N。原矿产类型为建筑用花岗岩，露天开采，现已停采；工业场地尚有停工后的设备未完全拆除，有车辆停放，视觉效果差。该矿区有大面积的开采边坡裸露，立面垂直高度为 31～170 m，平均高程约 94 m，开采崖壁的坡度介于 70°～90°，岩质边坡，稳定性较差。开采崖壁底部有大面积的开采平台，坡度<5°，现有季节性积水，局部坑底已整平并进行了植被恢复。

该矿山废弃地基本无原始土壤，散乱分布有大量碎石与沙土，土壤结构和肥力差，植被恢复困难。开采边坡顶端尚有原生植被生长，优势树种为巨尾桉与相思树；开采平台和临时道路边有少量人工植被，栽植的树种主要为相思树与小叶榕幼苗（图 9.27）。

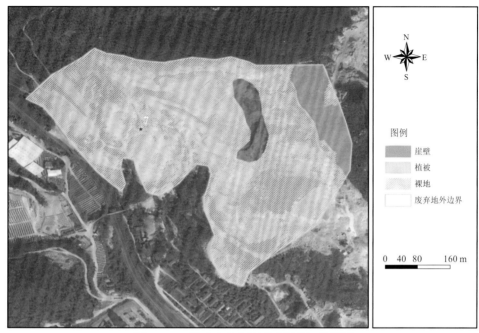

图 9.26　7 号矿山废弃地遥感影像与地类图

（a）7 号矿山边坡和开采平台废弃地全貌

（b）岩质边坡　　　　　　　　　　　　　（c）边坡覆大量碎石

（d）开采平台的季节性积水　　　　　　（e）工业场地机械堆放

图 9.27　7 号矿山废弃地现状

2）8 号矿山废弃地

8 号矿山废弃地（图 9.28）调查点经纬度为 117°48'33"E，24°31'39"N。其原矿产类型为建筑用花岗岩，露天开采，现已停采；石壁立面高度介于 30～60 m，开采边坡角度为 40°～70°，岩质边坡覆碎石；地表土质，水土流失严重，部分工业场地已整平，人工栽种小叶榕幼苗；边坡顶端覆植被，优势树种为巨尾桉与相思树，生长状况较优（图 9.29）。

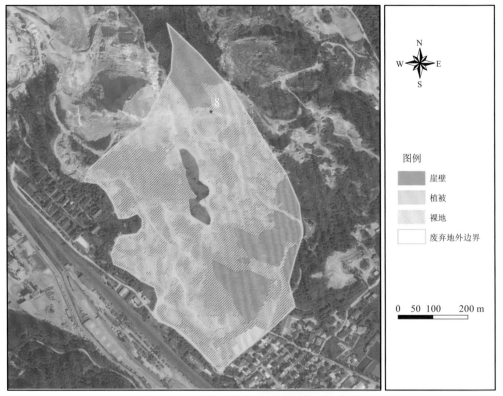

图 9.28　8 号矿山废弃地遥感影像与地类图

（a）8 号矿山废弃地全貌

（b）岩质边坡　　　　　　　　　　　　　　（c）工业场地堆石

（d）土质地表　　　　　　　　　　　　　　（e）小叶榕幼苗

图 9.29　8 号矿山废弃地现状

3）9号矿山废弃地

9号矿山废弃地（图9.30）调查点经纬度为117°48'30"E，24°32'04"N。其原矿产类型为建筑用花岗岩，露天开采，现已停采；开采石壁呈倒U形，立面高度介于30～100 m，开采边坡角度为70°～90°，边坡覆碎石；部分工业场地已整平，堆放机械、碎石；边坡顶端覆植被，优势树种为巨尾桉与相思树，石壁与工业场地零星覆草本（图9.31）。

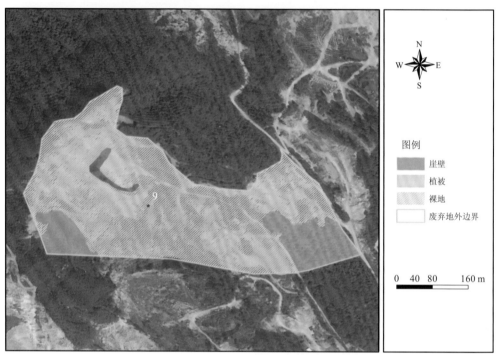

图9.30　9号矿山废弃地遥感影像与地类图

（a）9号矿山废弃地全貌

（b）边坡 U 形开采

（c）岩质边坡覆碎石

（d）平整工业场地

（e）工业场地堆放机械、碎石

图 9.31　9 号矿山废弃地现状

4）10 号矿山废弃地

10 号矿山废弃地（图 9.32）调查点经纬度为 117°48'38"E，24°31'51"N。其原矿产类型为建筑用花岗岩，露天开采，现已停采；开采石壁立面高度介于 40～125 m，开采边坡角度为 70°～90°，边坡覆碎石，边坡顶端与坡面覆植被，优势树种为巨尾桉与相思树；石壁前工业场地较平整，土质地表，覆零星乔木与草本，生长状况较好，优势树种为相思树；道路两侧堆放少量条石（图 9.33）。

5）11 号矿山废弃地

11 号矿山废弃地（图 9.34）调查点经纬度为 117°48'54"E，24°32'13"N。其原矿产类型为建筑用花岗岩，露天开采，现已停采；开采石壁呈 U 形，立面高度介于 60～150 m，开采边坡角度为 70°～90°，边坡覆碎石；边坡顶端堆砌大型石块，且覆零星植被，优势树种为巨尾桉与相思树；石壁前工业场地较平整，覆零星草本，堆放大量碎石与垃圾，有恶臭（图 9.35）。

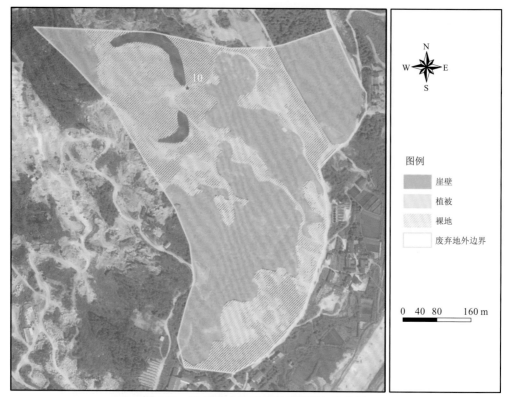

图9.32 10号矿山废弃地遥感影像与地类图

（a）10号矿山废弃地全貌

（b）岩质边坡　　　　　　　　　　　　　　（c）平整工业场地

（d）工业场地堆放条石　　　　　　　　　　　（e）废弃地植被

图 9.33　10 号矿山废弃地现状

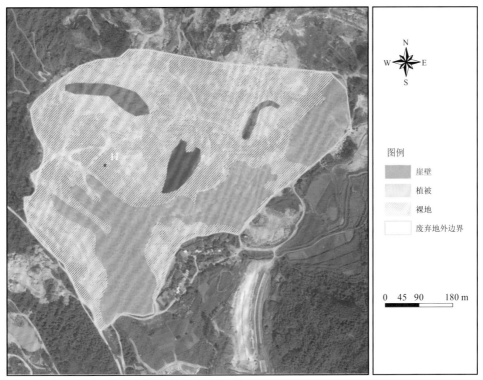

图 9.34　11 号矿山废弃地遥感影像与地类图

（a）11号矿山废弃地全貌

（b）岩质边坡　　　　　　　　　　　　　（c）工业场地堆放碎石、垃圾

（d）边坡覆碎石　　　　　　　　　　　　（e）零星植被

图 9.35　11 号矿山废弃地现状

6）12 号矿山废弃地

　　12 号矿山废弃地（图 9.36）调查点经纬度为 117°48'53"E，24°32' 29"N。其原矿产类型为建筑用花岗岩，露天开采，现已停采；开采石壁方整，立面高度介于 30～60 m，开采边坡垂直，边坡覆碎石较多；石壁前工业场地方正、平整，有碎石与堆土。有行车道路可抵达，沿道路上山，另一侧开采废弃矿坑有大量积水，边坡顶端沙质土壤，零星草本与乔木，优势树种为相思树与巨尾桉（图 9.37）。

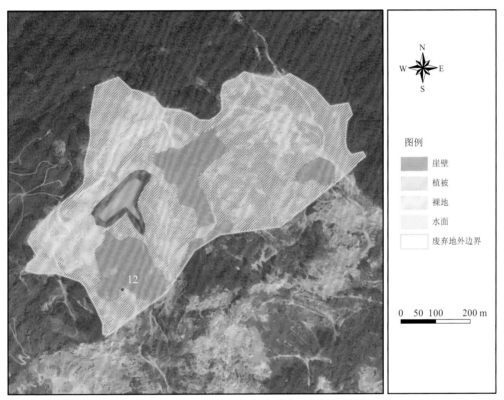

图例

■ 崖壁
▨ 植被
▧ 裸地
▦ 水面
□ 废弃地外边界

0　50　100　　200 m

图 9.36　12 号矿山废弃地遥感影像与地类图

7）13 号矿山废弃地

　　13 号矿山废弃地（图 9.38）调查点经纬度为 117°49'06"E，24°32'14"N。其原矿产类型为饰面用花岗岩，露天开采，现已停采；开采石壁呈倒 U 形环绕分布，立面高度介于 88～120 m，开采边坡垂直，边坡覆碎石较多；石壁前工业场地平整，有零星草本与乔木，优势树种为巨尾桉；道路平整且有机械堆放；沿道路可徒步上山，坡顶种植巨尾桉与相思树，且生长状况较好（图 9.39）。

（a）12 号矿山废弃地全貌

（b）岩质边坡

（c）工业场地、道路平整

（d）边坡顶端

（e）矿坑积水

图 9.37　12 号矿山废弃地现状

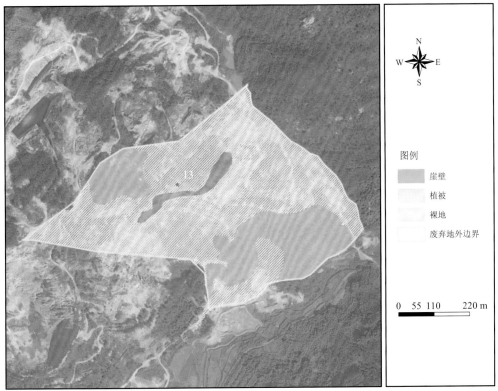

图9.38 13号矿山废弃地遥感影像与地类图

（a）13号矿山废弃地全貌

（b）岩质边坡

（c）平整工业场地

（d）机械堆放

（e）道路较平整

图 9.39　13 号矿山废弃地现状

8）14 号矿山废弃地

14 号矿山废弃地（图 9.40）位于西山片区的东南部，经二路（在建，接国道北甩线）东侧，面积约为 8.93 hm²，开采高程介于 19.02～112.38 m，平均高程约 57.4 m，范围见表 9.5。原矿产类型为建筑用花岗岩，开采规模为大型，资源量为 103.08 万 m³。该采矿废弃地为露天采场，采石残壁坡度大于 65°，局部倒倾，坡体表面由于阶梯式开采形成了天然的台阶，表面有碎石、砂土覆盖，可能发生危岩掉落。

表 9.5　14 号矿山废弃地基本情况表

面积/hm²	平均高程/m	中心点坐标	拐点坐标
8.93	57.4	117°49'12"E，24°31'48"N	117°49'05"E，24°31'55"N
			117°48'36"E，24°31'48"N
			117°49'19"E，24°31'44"N
			117°47'19"E，24°31'52"N

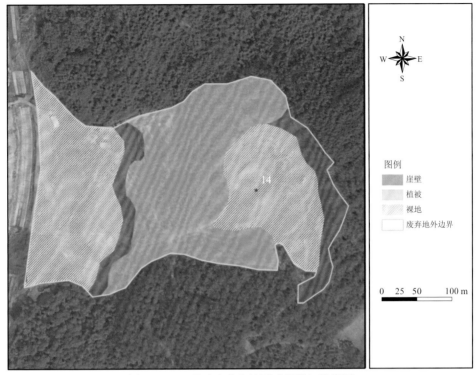

图 9.40　14 号矿山废弃地遥感影像与地类图

开采残坡呈半弧形，中间坡体较高，两侧较低。目前，由于停采时间较长，该矿山废弃地的裸露边坡顶端和两侧已有乔木与草本生长，优势树种为巨尾桉，草本多为芦苇，林地面积约为 3.53 hm^2，植被覆盖度约为 40%（图 9.41）。该矿山废弃地周边为果树经济林，优势树种为荔枝与香蕉等经济树种。工业场地堆放机器设备与碎石，临时厂房已拆除，土壤为沙质，工业场地和道路已进行了土地平整，裸地面积约为 5.4 hm^2。

（a）14 号矿山废弃地全貌

（b）岩质边坡碎石、表土　　　　　　（c）工业场地机械、堆石

图 9.41　14 号矿山废弃地现状

3. 西山北部亚片区

西山北部亚片区位于西山北部（图 9.42），共包括 5 个矿山废弃地，分别为：15 号龙海市角美竹仔寨、16 号龙海市圆仔山建筑用花岗岩、17 漳州市东池建材有限公司福井村石门矿区建筑用花岗岩矿、18 号军用教练场取土场、19 号下士场取土场。

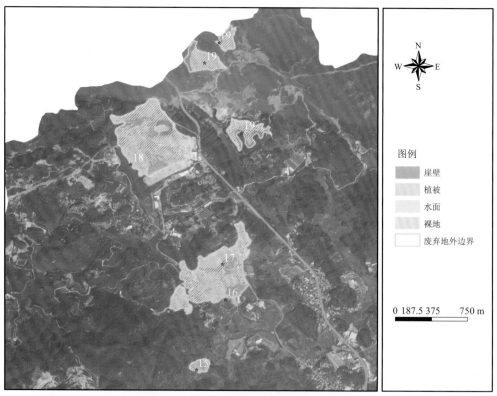

图例
崖壁
植被
水面
裸地
废弃地外边界

0　187.5　375　　　750 m

图 9.42　西山北部亚片区采矿废弃地分布图

1）15 号矿山废弃地

15 号采矿废弃地（图 9.43）总面积约为 1.95 hm²，开采高程介于 62.13～97.23 m，平均高程为 73.72 m。具体范围见表 9.6。

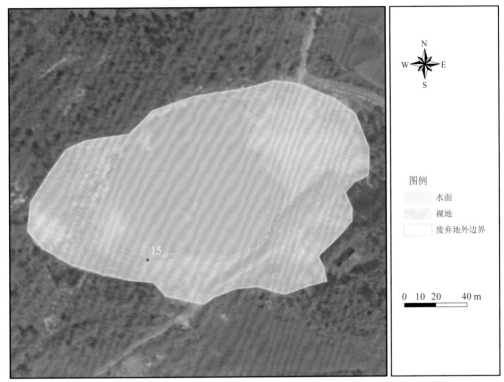

图 9.43　15 号矿山废弃地遥感影像与地类图

表 9.6　15 号矿山废弃地基本情况表

面积/hm²	平均高程/m	中心点坐标	拐点坐标
1.95	73.72	117°49'52"E，24°32'43"N	117°49'53"E，24°32'45"N
			117°49'52"E，24°32'41"N
			117°49'48"E，24°32'42"N
			117°49'55"E，24°32'43"N

该矿山废弃地原矿产类型为建筑用花岗岩，露天开采；现场无矿坑，仅剩余开采残留的一段石壁，石壁坡度较大，角度介于 70°～90°；裸露石壁的面积较小，残留石壁周边及前方植被自然演替较好，已形成大面积的植被覆盖（图 9.44）。

2）16 号矿山废弃地

16 号采矿废弃地（图 9.45）总面积约为 15.44 hm²，植被覆盖率为 9.84%，开采高程介于 87.97～160.05 m，平均高程为 125.46 m。

图 9.44 15 号矿山废弃地现状

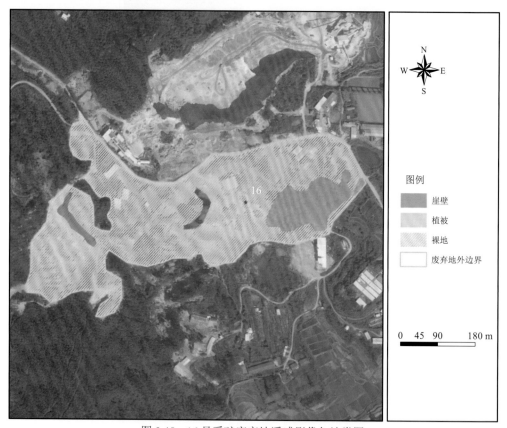

图 9.45 16 号采矿废弃地遥感影像与地类图

该矿山废弃地原矿产类型为建筑用花岗岩，露天开采；采场残留石壁，无矿坑。石壁立面倾角在 60° 左右；石壁立面高度介于 30～80m，开采石壁覆有一定量碎石；石壁大面积裸露，其上仅有零星植被覆盖，石壁顶端植被覆盖较好，有连片巨尾桉分布，石壁前方有部分低矮草灌植被分布（图 9.46）。

图 9.46　16 号矿山废弃地现状

3）17 号矿山废弃地

17 号采矿废弃地（图 9.47）总面积约为 25.63 hm^2，林地面积约为 2.63 hm^2，裸地面积约为 23 hm^2，植被覆盖度为 10%。开采高程介于 79.03～160.30 m，平均高程约 113.65 m，范围为见表 9.7。

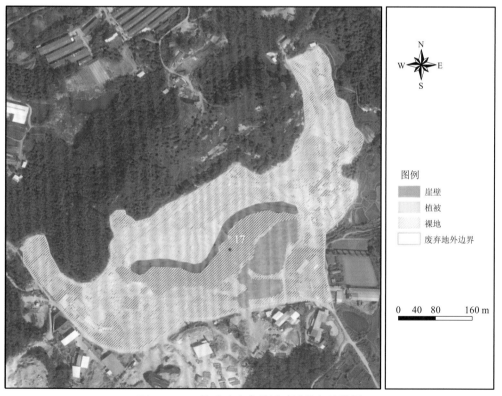

图 9.47　17 号采矿废弃地遥感影像与地类图

表 9.7 17 号采矿废弃地基本情况表

面积/hm²	林地面积/hm²	裸地面积/hm²	平均高程/m	中心点坐标	拐点坐标
25.63	2.63	23	113.65	117°49'59"E，24°33'13"N	117°49'46"E，24°33'17"N
					117°49'50"E，24°33'03"N
					117°50'08"E，24°33'09"N
					117°50'05"E，24°33'30"N

该矿山废弃地原矿产类型为建筑用花岗岩，露天开采；矿坑堆放碎石与废弃机械，面积约为 1.34hm²；岩质边坡，垂直开采，角度介于 70°～90°；石壁立面高度介于 30～120m，开采石壁覆大量碎石；石壁顶端有乔木与草本，优势树种为巨尾桉与小叶榕（图 9.48）。

（a）17 号采矿废弃地矿坑全貌

（b）岩质边坡

（c）工业场地堆石、机械

（d）开采石壁覆碎石　　　　　　　　　（e）零星植被

图 9.48　17 号矿山废弃地现状

4）18 号矿山废弃地

18 号矿山废弃地（图 9.49）位于西山片区的北部，现为部队教练场，面积约为 36.12 hm²，已停止取土，范围见表 9.8。该取土场已大面积整平。

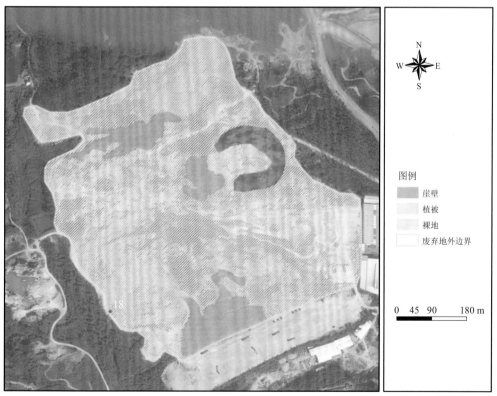

图 9.49　18 号矿山废弃地遥感影像与地类图

表 9.8　18 号矿山废弃地基本情况表

面积/hm²	林地面积/hm²	裸地面积/hm²	平均高程/m	中心点坐标	拐点坐标
36.12	3.80	32.32	145.35	117°49'34"E，24°33'56"N	117°49'20"E，24°34'04"N
					117°49'31"E，24°33'44"N
					117°49'47"E，24°33'51"N
					117°49'36"E，24°34'10"N

　　该取土场内保留部分有林地与宜林荒山荒地，均为省级生态公益林，林种为水源涵养林，优势树种为马尾松，林地面积约为 3.80 hm²，植被覆盖度约为 10%（图 9.50）。该取土场已大面积整平，作为部队教练场，土壤为沙质，裸地面积约为 32.32 hm²。

（a）18 号矿山废弃地全貌

（b）工业场地

（c）土质边坡

图 9.50　18 号矿山废弃地现状

5）19 号矿山废弃地

19 号矿山废弃地（图 9.51）位于西山片区的北部，由两个部分组成，分别位于公墓南北两侧，面积约为 15.14hm²，已停止取土。调查点经纬度分别为 117°49'51"E，24°34'22"N；117°50'43"E，24°34'29"N；117°50'05"E，24°34'01"N。该取土场原为宜林荒山荒地，工业原料林基地，现仅有零星植被，多为松树、巨尾桉、相思树与草本（图 9.52）。该取土场部分区域已整平，水土流失严重，土质边坡，岩质地表，裸地面积约为 15.14hm²。

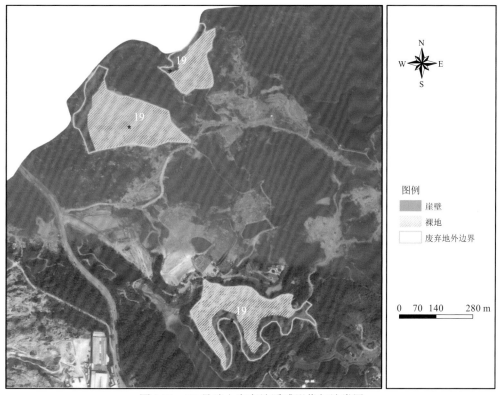

图 9.51　19 号矿山废弃地遥感影像与地类图

（a）19 号矿山废弃地全貌

（b）平整工业场地　　　　　　　　　　　　（c）水土流失严重

（d）取土场另一侧土质边坡　　　　　　　　　（e）岩质地表

图 9.52　19 号矿山废弃地现状

9.3.3　九龙江片区矿山废弃地概况

　　九龙江片区以流传村、杨厝村和埔尾村一线区域为核心，九龙江片区矿山废弃地原矿山类型均为饰面用花岗岩，开采方式均为露天开采。该片区矿山废弃地主要为采矿留下的深坑、堆放石料的堆场、少量厂房、矿区道路等。由于开采切割工艺的原因，该片区的残留石壁较为光滑且与地面基本垂直。石壁周边有一定量的植被分布。

　　该片区包括 9 个矿山，总面积为 228 hm^2，目前已全部停采，具体分布如图 9.53 所示。

　　由图 9.53 可以看出，20 号、21 号、28 号 3 个矿山相对独立，能较好地识别采矿废弃地边界，其他 6 个矿点则边界较为模糊。从各个矿点具体分布位置来看，九龙江片区又可以分为 3 个相对独立的亚片区，一是沈海高速西亚片区，该片区主要包括 20 号、21 号两个采矿废弃地；二是沈海高速东、角江路南亚片区，该亚片区矿点数最多，且分布较为集中，一共包括 22～27 号共 6 个矿点。三是沈海高速东、角江路北亚片区，仅包括 28 号一个矿点，该矿山较为独立。详细信息见表 9.9。

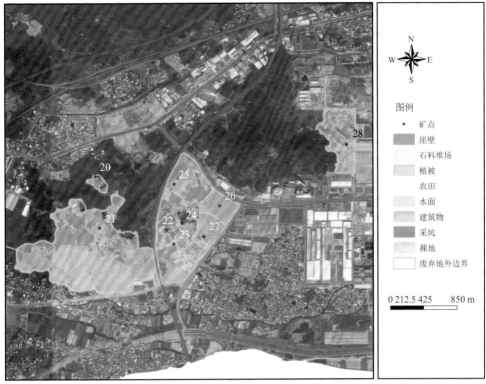

图 9.53　九龙江片区矿山废弃地分布图

表 9.9　九龙江片区矿山废弃地基本情况表

所属分区	编号	矿山类型	地貌条件	植被覆盖度/%	面积/hm²
沈海高速西亚片区	20			62	2.84
	21			19	113.43
沈海高速东、角江路南亚片区	22	饰面用花岗岩	岩质	19	15.7
	23			13	15.72
	24			26	13.42
	25			41	22.09
	26			0	10.80
	27			4	10.27
沈海高速东、角江路北亚片区	28			12	23.82

9.3.4　九龙江片区矿山废弃地现状调查

1. 沈海高速西亚片区

1）20 号矿山废弃地

20 号矿山废弃地（图 9.54）位于九龙江片区的西部，距国道福昆线直线距离 289 m，废弃地总面积约为 2.86 hm²，矿坑面积约为 0.31 hm²，崖壁高度介于 19.20～36.58 m，开采高程介于 36.79～93.73 m，平均高程为 77.55 m，拐点坐标为见表 9.10。

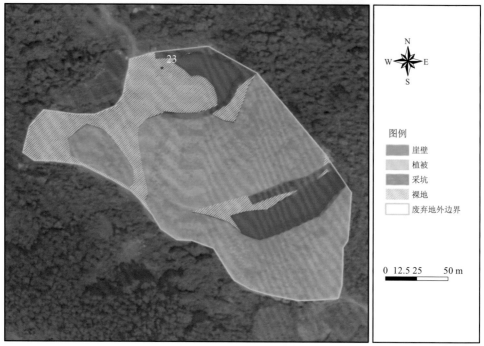

图 9.54 20 号矿山废弃地遥感影像与地类图

表 9.10 20 号矿山废弃地基本情况表

面积/hm²	平均高程/m	中心点坐标	拐点坐标
2.86	77.55	117°50'2"E，24°30'19"N	117°49'58"E，24°30'25"N
			117°50'4"E，24°30'14"N
			117°49'57"E，24°30'20"N
			117°50'6"E，24°30'19"N

目前，矿坑顶部植被生长状况良好，主要为低矮灌木和少量乔木。矿坑已经进行部分填埋仍存在大面积水面，当地人在水面上养鱼、养鸭（图 9.55）。

2）21 号矿山废弃地

21 号矿山废弃地（图 9.56）位于九龙江片区的西南部，紧邻沈海高速，废弃地面积较大，总面积约为 118.20 hm²，矿坑面积约为 0.31 hm²，三面有垂直崖壁，崖壁高度介于 5.48～24.68 m，开采高程介于 5.00～92.85 m，平均高程为 29.93 m，拐点坐标为见表 9.11。

目前，矿坑顶部植被生长状况良好，主要为低矮灌木和乔木。矿坑底部分为两层阶梯，高差大约 1 m。其中第一级阶梯有土壤覆盖，已生长草本和灌木植物，尤其是有积水的区域，生长大面积蒲草等水生植物。第二级阶梯由于没有土壤和积水，仍是裸露的岩石表面（图 9.57、图 9.58）。

（a）坡顶植被　　　　　　　　　　　　　（b）坑体填埋

（c）深坑远景　　　　　　　　　　　　　（d）深坑近景

图 9.55　20 号矿山废弃地现状

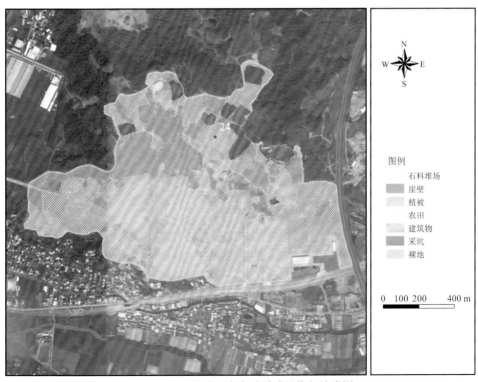

图 9.56　21 号矿山废弃地遥感影像与地类图

表 9.11 21 号矿山废弃地基本情况表

面积/hm²	平均高程/m	中心点坐标	拐点坐标
118.20	29.93	117°49'58"E，24°29'50"N	117°50'9"E，24°30'15"N
			117°50'5"E，24°29'5"N
			117°49'29"E，24°29'47"N
			117°50'26"E，24°29'45"N

图 9.57 21 号矿山废弃地全景图

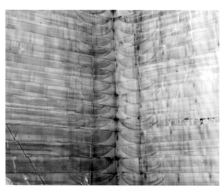

（a）垂直崖壁

（b）水生植物

（c）一级台阶

（d）二级台阶

图 9.58 21 号矿山废弃地现状

2. 沈海高速东、角江路南亚片区

1）22 号矿山废弃地

22 号矿山废弃地（图 9.59）总面积约为 15.69 hm²，植被覆盖率为 19%，开采高程介于 4.32～49.99 m，平均高程为 19.12 m，废弃地内有厂房。拐点坐标为见表 9.12。

图 9.59　22 号矿山废弃地遥感影像与地类图

表 9.12　22 号矿山废弃地基本情况表

面积/hm²	平均高程/m	中心点坐标	拐点坐标
			117°50'25"E，24°29'54"N
			117°50'47"E，24°29'5"N
15.69	19.12	117°50'36"E，24°29'57"N	117°50'32"E，24°30'8"N
			117°50'42"E，24°29'48"N

2）23 号矿山废弃地

23 号矿山废弃地（图 9.60）总面积约为 15.72 hm²，植被覆盖率为 13%，开采高程介于 4.00～23.28 m，平均高程为 8.73 m。拐点坐标为见表 9.13。

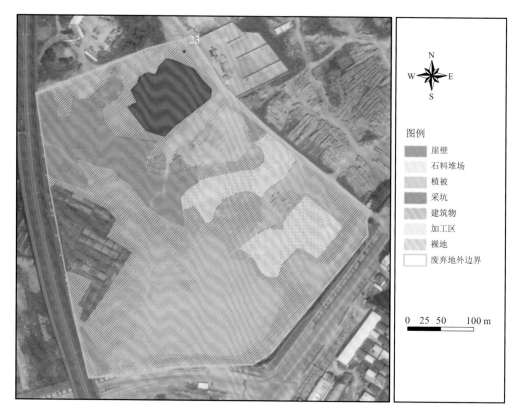

图 9.60 23 号矿山废弃地遥感影像与地类图

表 9.13 23 号矿山废弃地基本情况表

面积/hm²	平均高程/m	中心点坐标	拐点坐标
			117°50'26"E，24°29'54"N
			117°50'42"E，24°29'48"N
15.72	8.73	117°50'33"E，24°29'49"N	117°50'33"E，24°29'56"N
			117°50'28"E，24°29'40"N

3）24 号矿山废弃地

24 号矿山废弃地（图 9.61）总面积约为 13.42 hm²，植被覆盖率为 26%，开采高程介于 14.83～70.08 m，平均高程为 42.34 m。拐点坐标见表 9.14。

4）25 号矿山废弃地

25 号矿山废弃地（图 9.62）总面积约为 22.09 hm²，植被覆盖率为 41%，开采高程介于 18.90～69.26 m，平均高程为 40.47 m。拐点坐标见表 9.15。

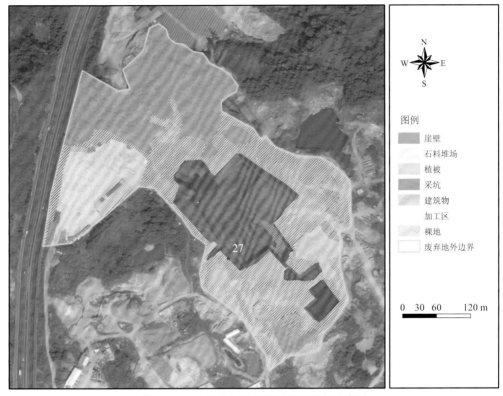

图 9.61　24 号矿山废弃地遥感影像与地类图

表 9.14　24 号矿山废弃地基本情况表

面积/hm²	平均高程/m	中心点坐标	拐点坐标
13.42	42.34	117°50'36"E，24°30'8"N	117°50'26"E，24°30'5"N
			117°50'43"E，24°30'2"N
			117°50'32"E，24°30'17"N
			117°50'39"E，24°29'58"N

表 9.15　25 号矿山废弃地基本情况表

面积/hm²	平均高程/m	中心点坐标	拐点坐标
22.09	40.47	117°50'39"E，24°30'21"N	117°50'28"E，24°30'14"N
			117°50'49"E，24°30'18"N
			117°50'37"E，24°30'32"N
			117°50'43"E，24°30'8"N

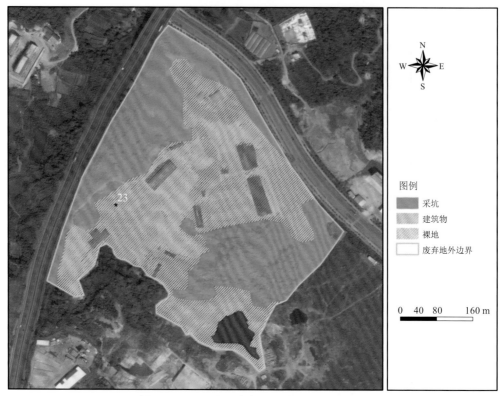

图 9.62　25 号矿山废弃地遥感影像与地类图

5）26 号矿山废弃地

26 号矿山废弃地（图 9.63）总面积约为 10.80 hm²，开采高程介于 10.01～32.47 m，平均高程为 16.86 m，废弃地内有厂房。拐点坐标见表 9.16。

表 9.16　26 号矿山废弃地基本情况表

面积/hm²	平均高程/m	中心点坐标	拐点坐标
10.80	16.86	117°50′51″E，24°30′11″N	117°50′43″E，24°30′10″N
			117°51′0″E，24°30′11″N
			117°50′49″E，24°30′18″N
			117°50′54″E，24°30′3″N

6）27 号矿山废弃地

27 号矿山废弃地（图 9.64、图 9.65）总面积约为 10.27 hm²，植被覆盖率为 4%，开采高程介于 6.01～20.27 m，平均高程为 10.62 m。拐点坐标见表 9.17。

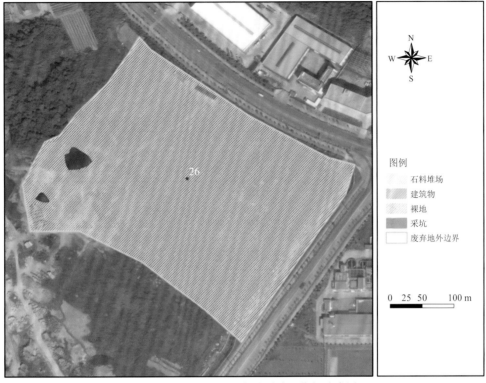

图 9.63　26 号矿山废弃地遥感影像与地类图

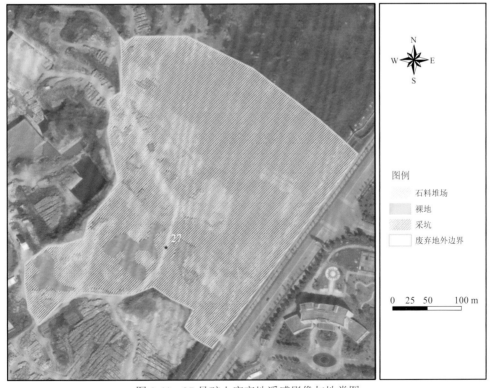

图 9.64　27 号矿山废弃地遥感影像与地类图

（a）碎石堆放　　　　　　　　　　（b）矿坑崖壁

（c）矿区植物　　　　　　　　　　（d）平地零星植物

（e）矿区积水与碎石　　　　　　　　（f）工业广场

（g）残留建筑物与设备　　　　　　　（h）堆场

图 9.65　27 号矿山废弃地现状

表 9.17　27 号矿山废弃地基本情况表

面积/hm²	平均高程/m	中心点坐标	拐点坐标
10.27	10.62	117°50'48"E，24°30'2"N	117°50'39"E，24°29'56"N
			117°50'54"E，24°30'3"N
			117°50'44"E，24°30'8"N
			117°50'48"E，24°29'54"N

3. 沈海高速东、角江路北亚片区

28 号矿山废弃地所在矿区（图 9.66）为饰面用花岗岩开采矿区，开采方式是山坡露天开采，开采后遗留下平整光滑的切割石壁。该矿区位置十分独立，距离其他矿区都很远。矿区登记面积为 15 300 m²，矿石储量为 6.59 万 m³，开采规模为 0.5 万 m³/a。该矿区目前已停止开采（图 9.67）。解译出的废弃地总面积为 28.32 hm²，其中水面面积为 2.206 hm²，林地面积为 1.71 hm²，开采高程为 15.96～62.82 m，平均高程为 31.37 m。拐点坐标见表 9.18。与角江线相距 314 m。矿区周边没有农田，北部有上房村、东山村，南部有浦尾村、杨厝村、沙坂村。

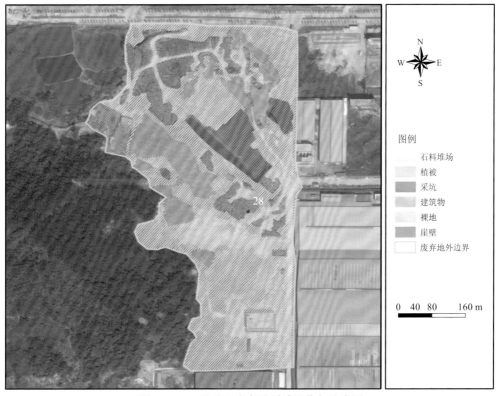

图 9.66　28 号矿山废弃地遥感影像与地类图

（a）堆场	（b）矿坑
（c）坑顶植被	（d）矿坑水面

图 9.67　28 号矿山废弃地现状

表 9.18　28 号矿山废弃地基本情况表

面积/hm²	平均高程/m	中心点坐标	拐点坐标
28.32	31.37	117°51'41"E，24°30'40"N	117°51'38"E，24°30'48"N
			117°51'42"E，24°30'23"N
			117°51'32"E，24°30'38"N
			117°51'47"E，24°30'37"N

9.3.5　金山片区矿山废弃地概况

金山片区包括 4 个矿山废弃地，总面积为 51hm²，目前已全部停采，具体分布如图 9.68 所示。调查表明，除 31 号和 32 号距离较近，其余各矿山废弃地均相对独立，能较好地识别采矿废弃地边界；29 号、30 号矿山位于龙坑山西侧，划入龙坑山西侧亚片区；31 号、32 号矿山集中位于金山村西侧，划入金山村西侧亚片区。

该片区 4 个矿山包括 2 个饰面用花岗岩矿、1 个建筑用花岗岩矿和 1 个建筑用凝灰岩矿，废弃地类型主要包括采矿留下的深坑、堆放石料的堆场、少量厂房和植被。详细信息见表 9.19。

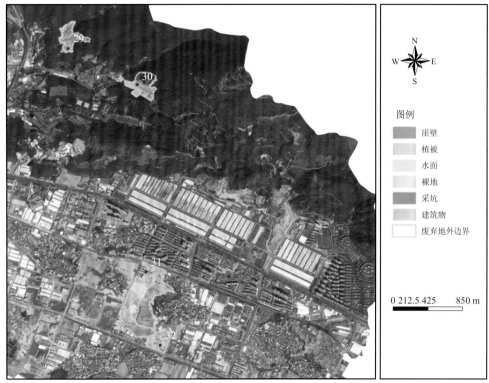

图 9.68 金山片区矿山废弃地分布图

表 9.19 金山片区矿山废弃地基本情况表

所属分区	编号	矿山类型	植被覆盖度/%	面积/hm²
龙坑山西侧亚片区	29	建筑用凝灰岩	15	5.41
	30	建筑用花岗岩	13	6.84
金山村西侧亚片区	31	饰面用花岗岩	8	21.14
	32	饰面用花岗岩	2	17.55

9.3.6 金山片区矿山废弃地现状调查

1. 龙坑山西侧亚片区

1）29 号矿山废弃地

29 号矿山废弃地总面积为 5.41 hm²，其中开采区面积为 1.81 hm²，加工区面积为 1.17 hm²，高程介于 39.17～82.22 m，平均高程为 54.67 m。其分布见图 9.69，该矿区距主路 400 m，周边农田较少，只有南部分布少量农田，西部有锦宅村。总体上看，该矿区地势相对平坦且破坏程度较轻，易于生态修复和开发利用。该矿区主要分为 5 个区域，中部为较小的土坑，有少量积水；北部有较大水面；西北部为开采区，三面有崖壁，最高 13.72 m，最低 4.57 m；东部开采区目前正在建设寺庙；南部区域较为平坦（图 9.70、图 9.71）。详细信息见表 9.20。

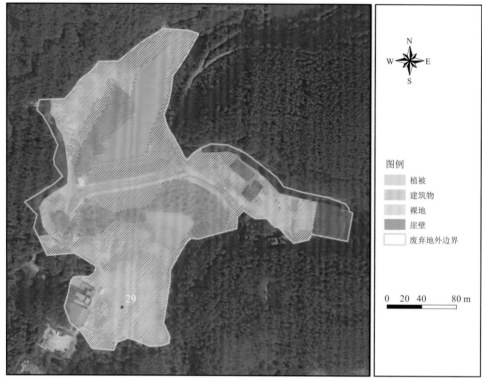

图 9.69　29 号矿山废弃地遥感影像与地类图

图 9.70　29 号矿山废弃地开采区全景

（a）水坑

（b）区内水库

（c）开采区

（d）万福岩寺

图 9.71　29 号矿山废弃地现状

表 9.20　29 号矿山废弃地基本情况表

面积/hm²	平均高程/m	中心点坐标	拐点坐标
5.41	54.67	117°55'28"E，24°30'50"N	117°55'31"E，24°30'57"N
			117°55'29"E，24°30'44"N
			117°55'24"E，24°30'50"N
			117°55'36"E，24°30'49"N

2）30 号矿山废弃地

30 号矿山废弃地（图 9.72）总面积为 6.84 hm²，其中开采区面积为 2.98 hm²，加工

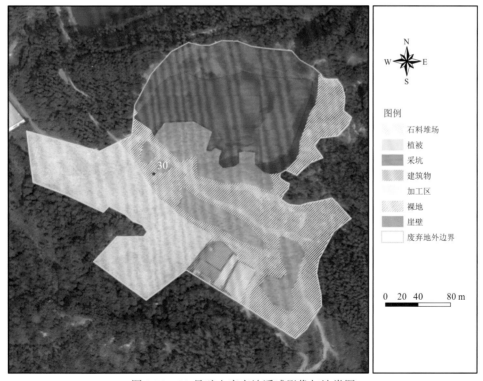

图 9.72　30 号矿山废弃地遥感影像与地类图

区面积为 2.11 hm²，开采高程介于 54.56～156.17 m，平均高程为 93.79 m。矿区距村道石锦线直线距离 400 m，周边农田较少，只有西部分布少量农田，西部有锦宅村。该矿区主要分为开采区和加工区，开采区西面崖高 21.94 m，北面崖高 30.16 m，东面崖高 63.98 m。加工区地势平坦，边坡植被恢复情况良好（图 9.73、图 9.74）。详细信息见表 9.21。

图 9.73　30 号矿山废弃地全景

（a）崖壁　　　　　　　　　　　　　（b）崖壁零星植物

（c）崖壁碎石　　　　　　　　　　　　（d）平整道路

图 9.74　30 号矿山废弃地现状

表 9.21　30 号矿山废弃地基本情况表

面积/hm²	平均高程/m	中心点坐标	拐点坐标
6.84	93.79	117°55'58"E，24°30'32"N	117°55'57"E，24°30'37"N
			117°56'1"E，24°30'26"N
			117°55'50"E，24°30'32"N
			117°56'3"E，24°30'33"N

2. 金山村西侧亚片区

1）31 号矿山废弃地

31 号矿山废弃地（图 9.75）位于金山片区的南部，紧邻西白线，废弃地总面积约为 21.14 hm²，矿坑面积约为 1.80 hm²，堆场面积为 4.65 hm²，开采高程介于 5.26～35.04 m，平均高程为 19.30 m，拐点坐标见表 9.22。

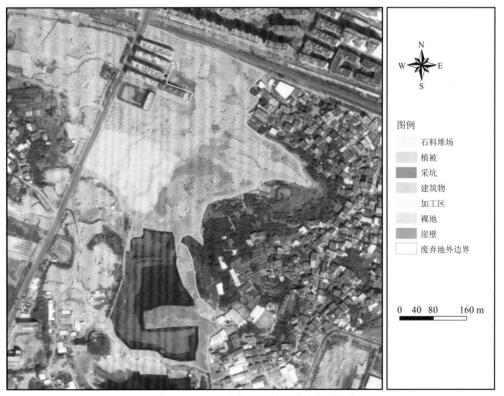

图 9.75　31 号废弃地遥感影像与地类图

表 9.22　31 号矿山废弃地基本情况表

面积/hm²	平均高程/m	中心点坐标	拐点坐标
21.14	19.30	117°55'59"E，24°29'14"N	117°55'57"E，24°29'24"N
			117°55'59"E，24°28'59"N
			117°55'46"E，24°29'21"N
			117°56'9"E，24°29'13"N

2）32 号矿山废弃地

32 号矿山废弃地（图 9.76～图 9.78）位于金山片区西南部，紧邻龙池大道，废弃地总面积约为 17.55 hm²，矿坑面积约为 0.97 hm²，开采高程介于 1.00～33.04 m，平均高程为 14.57 m，拐点坐标见表 9.23。

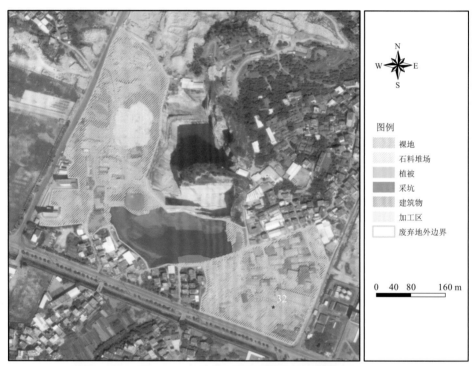

图 9.76　32 号废弃地遥感影像与地类图

图 9.77　32 号矿山废弃地全景

（a）矿坑　　　　　　　　　　　　　　　　　（b）垂直崖壁

（c）矿坑水面　　　　　　　　　　　　　　　　（d）水生植物

图 9.78　32 号矿山废弃地现状

表 9.23　32 号矿山废弃地基本情况表

面积/hm²	平均高程/m	中心点坐标	拐点坐标
17.55	14.57	117°55'54"E，24°28'59"N	117°55'51"E，24°29'15"N
			117°56'5"E，24°28'49"N
			117°55'39"E，24°29'13"N
			117°56'8"E，24°28'56"N

9.4　废弃地生态修复方案

9.4.1　生态修复目标

　　长期以来，矿山采选活动由于是不合理、粗放式的开采方式，不仅严重破坏陆地自然系统和景观环境，而且诱发次生地质灾害，污染矿区环境等，并最终影响山水林田湖草自然系统生态完整性的维护、人类居住环境和人体健康，在一定程度上压缩了当地居民的生产空间、生态空间和生活空间。矿产资源开发在促进区域经济发展的同时，矿山生态破坏与环境污染使"绿水青山就是金山银山"的生态战略思想的实现受到巨大威胁，从而成为制约区域经济社会可持续发展的重要因素。

通过开展矿山生态修复工作，切实落实漳州市、漳州台商投资区两级矿产资源规划中涉及台商投资区矿山地质环境保护与治理恢复的目标任务，完成投资区内遗留矿山废弃地的生态修复治理，消除漳州台商投资区内的"青山挂白"现象，恢复由于石料开采而破坏的自然景观，消除视觉污染。在此基础上，结合生态修复后的实际情况，因地制宜地采取有效的综合利用方式，完成部分矿山废弃地的再利用，促进漳州台商投资区经济发展和宜居环境的改善。

近期目标：优先完成漳州台商投资区矿山地质环境重点治理区（西山重点治理区）内 19 个矿山废弃地的生态修复治理任务（涉及总面积 393 hm²），即开展废弃地的生态复绿，具体为矿山废弃地的边坡加固、排险、地形整理、碎石清理、客土移植、植被恢复等生态修复任务。

中期目标：继续完成九龙江片区内 9 个矿山废弃地（涉及总面积 228 hm²）和金山片区内 4 个矿山废弃地（涉及总面积 51 hm²）的生态修复治理。同时在前期生态复绿的基础上，因地制宜地合理选择再利用方案，完成西山片区铁路西侧亚片区（3～6 号）的 4 个矿山废弃地（总面积 98.76 hm²）和铁路东侧亚片区（7～14 号）的 8 个矿山废弃地（总面积 206.15 hm²）未来发展生态旅游业、生态农业等产业的景观及配套项目建设，或者工业园区和物流仓储基地等再利用项目的建设。

远期目标：继续完成西山片区西山北部亚片区（17～19 号）的 3 个矿山废弃地（总面积 67.66 hm²）、九龙江片区内 9 个矿山废弃地（总面积 228 hm²）和金山片区内 4 个矿山废弃地（总面积 51 hm²）的未来发展生态旅游业、生态殡葬等产业的景观及配套项目建设，或者工业园区和物流仓储基地等再利用项目的建设。最终实现漳州台商投资区历史遗留矿山废弃地的自然景观与人文景观的相协调，全面推动漳州台商投资区未来经济发展和宜居环境的改善。

9.4.2　西山片区修复方案

基于矿山废弃地的现状调查，生态修复规划编制课题组掌握了西山片区矿山废弃地的基本情况，总结出以下代表性特征。

（1）西山片区矿山废弃地基本分布在山中，海拔较高，地形起伏较大，地质条件复杂。

（2）由于历史上以建筑用花岗岩石料开采为主，废弃地内仍残留大量的碎石，采石遗留的残壁坡度大（一般大于 50°，有的近 90°），采石宕口的稳定性较差。

（3）鹰厦铁路和正在建设的高速公路在西山片区纵横穿越，矿山废弃地多分布在道路沿线两侧的可视范围内，该片区的景观破碎化程度较高，视觉污染十分严重。

基于以上特征，生态修复规划编制课题组将消除漳州台商投资区"青山挂白"现象和经济社会发展的客观需求相结合，把西山片区定义为工程复绿主导区，根据西山片区山体破坏严重、废弃矿山较多的现状，以生态恢复理论和可持续发展战略为指导，以改善生态环境为目标，运用景观生态学、恢复生态学和水土保持学理论，工程措施和生物措施相结合，整合、组装国内外相关技术，注重该区域前期的工程复绿效果，着力恢复该区域的自然植被和生态环境。在此基础上，后期根据实际情况，针对该区域内适宜的矿山废弃地选取适当的再利用模式，以满足所在地域社会经济可持续发展的需要。

西山片区矿山废弃地生态修复需提供两种方案，规划思路分别如下。

生态修复模式 1 的规划思路：在铁路西侧、铁路东侧、西山北部 3 个亚片区进行单一的植被绿化模式，不开展大规模利用，严格执行修复方案制定的矿山生态修复的质量要求，实现矿山生态修复景观与周边自然环境的相协调，彻底消除"青山挂白"现象。

生态修复模式 2 的规划思路：将自然生态系统的修复与相匹配的经济社会系统的修复结合起来，适度利用，根据矿山所处的区域、位置及生态适宜性来设定生态修复目标，<50m 的区域可考虑整治成建设用地，实现矿山生态功能修复与经济社会发展相协调，最终目标是重塑该片区人与自然和谐相处的整体生态景观效果。

具体的生态修复方案措施详见表 9.24。

表 9.24　西山片区矿山废弃地生态修复方案措施

片区	废弃矿点	矿山类型	生态修复模式	
			模式 1	模式 2
铁路西侧亚片区	1	建筑用花岗岩	工程绿化模式	园林景观模式
	2	建筑用花岗岩	工程绿化模式	园林景观模式
	3	建筑用花岗岩	工程绿化模式	复合型旅游开发模式（儿童主题乐园）/工业或仓储类模式
	4	建筑用花岗岩	工程绿化模式	
	5	建筑用花岗岩	工程绿化模式	
	6	建筑用花岗岩	工程绿化模式	
铁路东侧亚片区	7	建筑用花岗岩	工程绿化模式	矿山公园模式
	8	建筑用花岗岩	工程绿化模式	
	9	建筑用花岗岩	工程绿化模式	
	10	建筑用花岗岩	工程绿化模式	
	11	建筑用花岗岩	工程绿化模式	
	12	饰面用花岗岩	工程绿化模式	
	13	建筑用花岗岩	工程绿化模式	
	14	建筑用花岗岩	工程绿化模式	园林景观模式
西山北部亚片区	15	建筑用花岗岩	工程绿化模式	园林景观模式
	16	建筑用花岗岩	工程绿化模式	工业或仓储类模式
	17	建筑用花岗岩	工程绿化模式	
	18	取土场	工程绿化模式	垃圾处理模式
	19	取土场	工程绿化模式	生态墓园/山体公园模式

1. 生态修复模式 1 的规划措施

1）生态修复模式选择

由表 9.24 和图 9.79 可见，西山片区的生态修复模式 1 是区内全部 19 个矿山废弃地均采用工程绿化模式。具体包括 3 个亚片区：铁路西侧亚片区 6 个（1～6 号）矿山废弃地，铁路东侧亚片区 8 个（7～14 号）矿山废弃地，西山北部亚片区 5 个（15～19 号）矿山废弃地。确保 324 国道北甩线"一重山"可视范围内全部复绿。根据 2018 年 1 月漳州市国土资源局台商投资区分局向福建省国土资源厅《关于申请 2018 年废弃矿山生态环境综合治理工程包的报告》，铁路东侧亚片区的 7～9 号、11 号矿山废弃地将作为首批矿山治理对象列入 2018 年废弃矿山生态环境综合治理工程包。

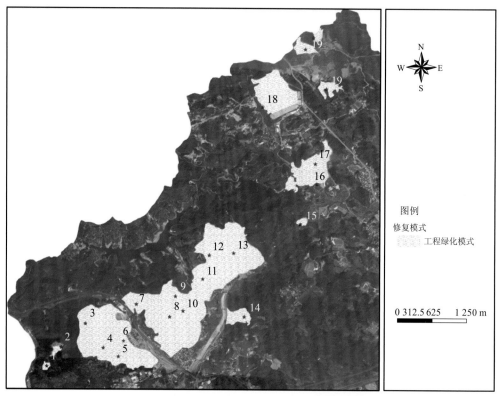

图 9.79 西山片区生态修复模式 1 的规划示意图

2）生态修复的原则

根据现状调查，矿山废弃地类型包括崖壁、裸地（露天采场、工业场地、矿区道路）、林地、水体，采取工程绿化模式进行矿山废弃地生态修复，应遵循以下原则。

（1）生态安全的原则。矿山开采后，由于地形地貌变化大、崖壁多，在开发与利用过程中，要将安全问题放在特别重要的位置上，因此矿山废弃地生态修复对维护区域生态安全起到重要作用。

（2）保护优先的原则。西山片区矿山废弃地存在一些次生林或已进行植被恢复的零星植被，以及采矿形成的人工湖，在生态修复过程中应优先予以保护，修复后的地形地貌及植被应与当地自然环境相协调。

（3）不同措施相结合的原则。在矿山废弃地生态修复过程中，应因地制宜、因害设防，工程措施、生物技术和生态农艺技术相结合，最大限度地减轻废弃矿山的水土流失，改善生态环境。

3）生态修复技术与措施

西山片区的矿山废弃地内残留大量的碎石，采石遗留的残壁坡度大，采石宕口的稳定性较差。废弃地内的迹地覆土层较薄，裸露地块较多。基于此，在该区域内主要应用崖壁稳定性治理、崖壁的生态修复、裸地的生态修复三个方面的修复技术来开展工程复绿。

（1）崖壁稳定性治理。在崖壁生态修复前，应首先对不稳定的崖壁进行处理。对于人为活动频繁的废弃矿山，必须做好这个工作。稳定性治理主要包括三个方面：上部削坡减载、下部综合支挡和疏排水措施。工程条件许可时，应优先考虑采用坡率法。现场条件不允许、放坡工程量太大或仅采用坡率法和截排水等措施不能有效提高其稳定性的崖壁，需进行人工加固（图9.80）。

图 9.80　崖壁稳定性治理图

坡率法：坡率法是一种比较经济、简便的施工方法，包括削坡降低坡度、设置台阶及清除表层不稳定体。在地下水位不发育且放坡开挖时不会对拟建或相邻建筑物产生不利影响的条件下使用该方法（图9.81）。

截排水：结合工程地质、水文地质条件及降雨条件，制定地表排水、地下排水或两者相结合的方案（图9.82）。

抗滑桩：采用抗滑桩对滑坡进行分段阻滑时，每段宜以单排布置为主，若弯矩过大，应采用预应力锚拉桩。抗滑桩截面形状以矩形为主，宽度一般为 1.5～2.5 m，长度一般为 2.0～4.0 m（图9.83）。当滑坡推力方向难以确定时，应采用圆形桩。

图 9.81 坡率法崖壁稳定性治理效果图

图 9.82 截排水崖壁稳定性治理效果图

图 9.83 抗滑桩崖壁稳定性治理效果图

锚杆（索）：当崖壁变形控制要求严格和崖壁在施工期稳定性很差时，宜采用预应力锚杆（图 9.84）。锚杆（索）是一种受拉结构体系，适用于岩质边坡，由钢拉杆、外锚头、灌浆体、防腐层、套管、联结器及内锚头等组成。

图 9.84　锚杆（索）崖壁稳定性治理效果图

格构锚固：利用框格护坡，并在框格中间种植花草，达到美化环境的目的。它是利用浆砌块石、现浇钢筋砼或预制预应力砼进行坡面防护，并利用锚杆或锚索固定的一种综合防护措施（图 9.85）。

图 9.85　格构锚固崖壁稳定性治理效果图

重力式挡墙：重力式挡墙宜采用仰斜式，崖壁高度不宜大于 10 m（图 9.86）。对变形有严格要求的崖壁和开挖土石方危及边坡稳定的边坡不宜采用重力式挡墙，开挖土石方危及相邻建筑物安全的边坡不应采用重力式挡墙。

图 9.86　重力式挡墙崖壁稳定性治理效果图

注浆加固：该法适用于以岩石为主的滑坡、崩塌堆积体、岩溶角砾岩堆积体及松动岩体（图 9.87）。通过对滑带压力注浆，可提高其抗剪强度及滑体稳定性。滑带改良后，滑坡的安全系数评价应采用抗剪断标准。注浆前必须进行注浆试验和效果评价，注浆后必须进行开挖或钻孔取样检验。

图 9.87　注浆加固崖壁稳定性治理效果图

（2）崖壁的生态修复。挂网客土喷播，其原理是利用客土掺混黏结剂和固网技术，使客土物料紧贴石坡面，并通过有机物料的调配，使土壤固相、液相、气相趋于平衡，创造草类与灌木生存的良好环境，以恢复石质坡面生态功能（图 9.88）。对结构稳定的崖壁或已作拱架的崖壁，可不挂网，向岩面直接喷射混合好的材料。

图9.88　挂网客土喷播效果图

植物配置方式如下。

草种混播式：选用2～3个草种（冷季型与暖季型兼有）按一定比例混合后播种，还可加入适当地被植物及一年生或二年生草花种子，形成富有自然田野风味的缀花草坪（图9.89）。

（a）修复前4号矿山废弃地现状图　　　　　（b）修复后4号矿山废弃地效果图

图9.89　草种混播式修复前后对比图

在混播时，草种的生长速度、扩繁方式、分生能力及在颜色、质地等方面应该基本相近，同时在发病率、潜在发生病害上应有较大差异。如将冷季型的多年生黑麦草、高羊茅，暖季型的狗牙根，地被植物白三叶及草花这四类植物以1:3:4:2的比例混合，按 $8\sim12\,g/m^2$ 的密度撒播或喷播。

灌草混播式：植物配置类型可用夹竹桃＋黄栌＋野菊＋白三叶，或者胡枝子＋火棘＋紫苜蓿＋狗牙根（图9.90）。

藤草混播式：藤草结合的种植方式能迅速成坪，达到绿化与防护的目的。同时在断崖顶部种植垂枝型藤本，如迎春、扶芳藤、连翘等；底部种植攀援型藤本，如爬山虎、美国凌霄、络石等；两类藤本中间喷播复绿。此种绿化方式对于工程防护与生态防护相结合的崖壁非常适用，可减少构造物的压迫感和粗糙感，将崖壁与自然景观有机结合起来（图9.91）。植物配置类型可用葛藤＋凌霄＋波斯菊，或者络石＋爬山虎＋黑麦草。

（a）修复前5号矿山废弃地现状图　　　　　　（b）修复后5号矿山废弃地效果图

图 9.90　　灌草混播式修复前后对比图

（a）修复前6号矿山废弃地现状图

（b）修复后6号矿山废弃地效果图一　　　　　（c）修复后6号矿山废弃地效果图二

图 9.91　藤草混播式修复前后对比图

普通喷播：植物配置与挂网客土喷播植物配置一致。

喷混植生：实际也是客土喷播，只是在镀锌网的下面固定了植生带，客土中的稳定剂以适量的水泥代替，其景观效果不如客土喷播。但对于坡比陡于 1∶0.5 的石质边坡，其稳定效果要好于客土喷播。

植物配置与挂网客土喷播一致。

（3）裸地的生态修复。在生态修复前应先对露天采场、工业场地、矿区道路等废弃裸地进行复垦，内容有平整土地、覆盖土壤等（图 9.92）。

（a）修复前 13 号矿山废弃地现状图　　　　　（b）修复后 13 号矿山废弃地效果图

图 9.92　裸地复垦前后对比图

首先，按废弃地现状和复垦利用方向的要求，对废弃裸地残留的石坝、石岗应进行清除，对高出拟复垦基准面的岩土进行剥离，对低于拟复垦基准面的凹坑进行回填，使地面平整，并进行必要的防洪、排涝及环境治理等。

然后，对土壤进行改良，西山片区为建筑用花岗岩或取土场，覆土时利用灌水、机械压平等物理方法进行土壤沉降，使土壤保持一定的紧实度，具体要求如下：①覆土厚度为自然沉实土壤 0.5 m 以上；②覆土后平整场地，坡度不超过 15°；③覆土土壤性质良好，为疏松、通气、透水的沙壤至壤土，土壤 pH 一般为 7.0～7.5，含盐量不大于 0.1%；④在平整场地同时，对土壤进行施基肥、杀菌，以防治病虫害及杂草。

4）绿化方式和植物配置

废弃裸地复垦完之后即进行植被恢复，可选用以下复绿方式和植物配置。

（1）种植乔木、灌草与地被。裸地的复垦：植物配置同崖壁的草种混播式。

草块铺植式：草块铺植采用满铺的方式。在人工或野生草坪上，铲取 25 cm×25 cm 大小、厚 3～3.5 cm 的草皮作铺植材料（图 9.93）。裸地平整后进行草皮铺植，铺完压紧后喷水，在以后的半个月内每天喷水 1～2 次。铺植草块时，块与块之间要紧密衔接，上下行之间的草块须错开铺设。满铺有狗牙根满铺和高羊茅满铺两种方式。

图 9.93　草块铺植式效果图

灌草混栽式：采用灌木与草本植物或地被植物混合种植，利用两类植物的优势可达到拦蓄地表径流、减轻侵蚀的目的。一方面，在种植初期，草坪可为灌木生长提供一个较好的土壤条件；另一方面，在后期灌木生长稳定后，能保护草坪，起到截流与抑制杂草生长的作用。

灌草混栽按 1 行灌木、4 行草本植物，行距 20 cm，横向开成水平沟栽植，其中灌木采取交错列植方式种植（图 9.94）。注意压实土壤，使植物根系与土壤紧密结合。可供选择的适生灌木有夹竹桃、云南黄馨、火棘等；适生草种有白三叶、高羊茅、狗牙根等。

（a）修复前9号矿山废弃地现状图　　　　　（b）修复后9号矿山废弃地效果图

图 9.94　灌草混栽式修复前后对比图

灌草混栽的类型有：云南黄馨＋高羊茅，孝顺竹＋狗牙根撒播。

乔灌草混栽式：选择一些乔灌草按常绿与落叶、阔叶与针叶、冷季型与暖季型搭配。乔灌草混栽的类型有：女贞、五角枫＋胡枝子＋狗牙根，银杏＋海桐、凤仙花。

（2）穴植灌木、藤本。利用灌木、藤本的生物学特性和景观学特点，将其与其他植物材料按照设计的栽培方式栽植，形成特有的景观效果。可供选择的植物有石楠、夹竹桃、迎春、胡枝子、葛藤、扶芳藤等。

（3）普通喷播。废弃裸地平整后，将种子、肥料、土壤稳定剂等按一定比例混合成泥浆状喷射到采空区上。植物配置方式如下。

草种混播：植物配置跟种植乔木、灌草、地被、藤本的配置一致。

灌草混播：可供选择的适生灌、草基本与废弃裸地的灌、草混栽一致。

配置类型可为：夹竹桃＋马尼拉。

（4）植生袋技术。通过生产线将植物种子按一定比例均匀地播撒在两层布质或纸质无纺布中间，然后通过行缝、针刺及胶黏等先进工艺，将尼龙防护网、植物纤维、绿化物料、无纺布密植在一起而形成一种特制产品。将其覆盖在地表面，只需适量喷水，就能长出茂密的植物。

结合上述工程绿化模式的各类技术选择，围绕该区域内极具代表性的铁路西侧亚片区的 3～6 号矿山废弃地，具体说明工程绿化模式的实施要求。

该矿山废弃地工程绿化的主要治理目标是：使矿山废弃地地质环境得到最大治理，已有植被得到最大保护，矿区生态景观得到明显改善；发生的地质灾害隐患和矿区地质环境稳定性得到有效的治理；固体废弃物全部有效利用，无滥占耕地、破坏土壤、污染环境等现象，不造成次生地质灾害；各类岩土边坡小于或等于安全坡度值，处于稳定状态，危岩体和不稳定边坡得到有效防治，没有引发山体崩塌、滑坡、泥石流等地质灾害隐患；矿山闭坑后达到矿山地质环境与周边生态环境相协调，建立与区位条件相适应的环境功能及实用功能。

应本着"消除地灾隐患，复绿挂白区"的总体目标进行综合治理工程部署，进行崖壁削坡，在保证崖壁稳定性的基础上，进行植被绿化，先期重点消除山顶及上坡的复绿挂白区。主要修复任务如下。

（1）在进行崖壁削坡的基础上，自上而下，重点做好边坡排水沟设置和植被绿化。在台阶后缘 0.5 m 处设置排水沟，外缘构筑不小于 1.0 m 的片石挡土墙，回填客土，种植乔灌木，并在林下撒播草籽（建议香根草）；台阶内侧按株距 0.5 m 种植爬山虎，外侧按株距 0.5 m 种植葛藤，下爬上垂，复绿坡面。

（2）采用"削高填低"的技术手段，拟将现有矿山废弃地整治为坡度适宜、地质环境稳定的"两个"大平台，进行土地平整，作为政府储备用地。根据现状调查，目前的开采高程介于 32.79～242.27 m，考虑到后期大型城市主题儿童乐园或工业园区等再利用模式的需求，在进行"两个"大平台区域的工程设计时，可将平台标高控制在 80 m、45 m，考虑地质的稳定性，局部超过 180 m 高程可适度消除，并严格按照相关技术标准重点做好过渡区的边坡的安全平台和植被绿化。

2. 生态修复模式 2 的规划措施

由表 9.24 和图 9.95 可见，生态修复模式 2 为在工程绿化基础上的再利用模式，主要的再利用模式包括：铁路西侧亚片区的园林景观模式（1～2 号矿山废弃地）和复合型旅游开发模式（3～6 号矿山废弃地），铁路东侧亚片区的矿山公园模式（7～13 号矿山废弃地）和园林景观模式（14 号矿山废弃地），西山北部亚片区的工业或仓储类模式（16 号、17 号矿山废弃地）、园林景观模式（15 号矿山废弃地）、垃圾处理模式（18 号矿山废弃地）和生态墓园模式（19 号矿山废弃地），此外 3～6 号矿山废弃地也可以根据区域发展的实际需求，选择工业或仓储类模式进行再利用。

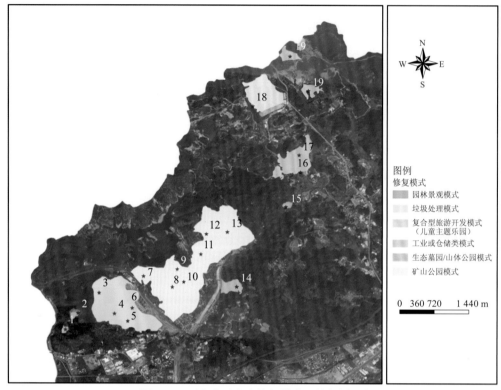

图 9.95　西山片区生态修复模式 2 的规划示意图

根据实际情况，将辖区内的废弃矿山用地开发利用治理模式分为 6 大项：对于单个采坑体积在 10 000 m³ 以下的，采用建筑垃圾回填，改造为绿地、园地、休闲场所，或者作为其他集体建设用地；对缓坡式挂白，开发林地、茶园、果园、花卉苗圃园；对重要景观地带的高陡岩石边坡，采取 V 形槽治理和滴灌养护；对废石场弃石统一承包给石子场回收利用，消除安全隐患，释放压覆土地；对煤矸石、尾矿砂，鼓励用于生产新型加气砖或者水泥配料；对严重损毁的山体进行整治性开采削平，改造为可供进一步利用的土地，作为后期大型城市休闲公园等开发利用所使用。

1）园林景观模式

规划范围包括铁路西侧亚片区的 1～2 号矿山废弃地、铁路东侧亚片区的 14 号矿山废弃地及西山北部亚片区的 15 号矿山废弃地。

规划原则：①整体性原则。根据矿山废弃地在城市空间规划中所担负的生态功能，对其进行空间和环境的设计，体现自然生态与城市的地域个性的耦合。②景观多样性原则。在矿山废弃地生态修复中，应遵循其发展规律，多树种、多林相、多色彩相结合，乔、灌、草立体配置，近期效果与长远效果相结合，增强生态系统的稳定性。③主导功能修复原则。西山片区是重要的山林防护绿地，是漳州台商投资区西部的"绿肺"及与九龙江水系的联系枢纽，是城市生态链的重要一环。

规划措施：伴随社会发展和生活质量的提高，庭院（或花园）在现代住宅空间组织中的作用日渐为人们所认同，具有组织功能和审美展现的双重作用。项目组以"城市的庭院"的核心理念，通过对西山片区矿山废弃地的精心设计，不仅是城市与周边生态林地的结节点，更能够体现充满朝气的漳州台商投资区环境有序利用和可持续发展的目标。

九龙江生态涵养区包括铁路西侧亚片区的 1～2 号矿山废弃地，规划面积 3.04 hm²。1～2 号矿山废弃地距九龙江距离仅 1～2 km，目前植被状况较好，为九龙江水源保护地的水源涵养区，规划为生态涵养用地。

生态涵养区以满足九龙江水系的生态多样性的需要，同时景观带也将生态与步行观光融为一体，通过串接有机分布的多个绿地组团，将地段的景观展现区、娱乐游园区、生态缓冲区等功能分区有序分布融于绿带之上，进而为广大市民提供休闲的场所。与 1～2 号矿山废弃地紧邻的九龙江，自然的河水构成了独特的景观，北面的崖壁因为采石而形成的陡峭笔直的石壁，规划充分运用山水相依的自然特点和景致，对山崖精心复绿，对水面适当梳理，构建景区的核心景观。

景观休闲区包括铁路东侧亚片区的 14 号矿山废弃地和北部亚片区的 15 号矿山废弃地，其共同特点是与其他废弃地之间不相连，属于独立单元。14 号矿山废弃地规划面积约 8.85 hm²，位于规划在建的经二路（接国道北甩线）东侧，植被状况较好，交通便利。15 号矿山废弃地规划面积仅 1.95 hm²，植被覆盖程度较低，但岩壁结构单一，易开展植被修复和重建。考虑到其单元的独立性和交通的可达性，故规划为景观休闲用地。

两处矿山废弃地面积较小，且邻近国家矿山公园规划区域，故本项规划充分考虑其"城市庭院"特性，结合现状地貌及依山临路的优越环境，同时满足周边居住区生活服务需求，将集景观展示、文脉欣赏为一体的景观展现区布局于该地块，从而有机连接西山片区规划的国家矿山公园的同时，为漳州台商投资区提供休闲服务功能。在景观设计的手法上，采用中西结合的方式，融中式的自由式于西方的图案美之中，成为景区的华丽前厅，建成效果如图 9.96 所示。

图 9.96　山体公园景观效果图

2）国家矿山公园模式

规划范围包括铁路东侧亚片区的 7～13 号矿山废弃地。

规划原则：以建设国家矿山公园为核心，利用漳州台商投资区的区位优势，近期辐射漳州和厦门，远期辐射海西经济区和台湾。

矿山主题公园重点突出已有的工业遗迹，通过自然景观、美术、雕塑等艺术手段处理，使之成为集良好的视觉效果和温泉度假于一体的文化传播及会议休闲场所。以内容组合的形式向城区展示整个矿山主题公园的面貌，融合工业文明和生态文明双理念，扩大了主题公园的影响力，形成更强的吸引力。

规划措施：根据西山片区矿山废弃地的现状，规划上考虑首先进行矿山博物馆的设计规划，采用放射状的形态，以保证近期和远期开发的有效衔接。主体区域的功能分区详见图 9.97。

图 9.97　拟建矿山公园功能分区图

矿山文化博览区：建设漳州台商投资区国家矿山公园博物馆、主碑、副碑、工业历史雕塑墙、主题雕塑等介绍中国近代工业发展历程及矿产资源开发相关科普知识。该规划位于铁路东侧亚片区的 12 号矿山废弃地，地势较平整，邻近规划在建的经二路（接国道北甩线）西侧。

矿山遗迹及生态修复展示区：展示西山片区现有的矿山开采历史遗存，选择典型矿山废弃地，系统设计，通过地形整治、植被恢复和景观构建，将矿山生态修复作为旅游者的参观内容，打造生态文明建设科普展示基地。该规划位于铁路东侧亚片区的 10 号矿山废弃地，该区域内崖壁较多、地形复杂，现有植被状况较好且邻近铁路西侧。

矿区商业风情街：复原客家的街区建筑，形成反映闽南生活文化特色的街区环境，满足旅游者餐饮、购物的需要。该规划位于铁路东侧亚片区的 7 号和 9 号矿山废弃地。

高档旅游度假区：通过良好的景观规划，完善主题公园与西山水库周边生态景观，依山傍水，建设高档旅游度假区，集旅游、会议、温泉、休闲度假于一体。该区位于铁路东侧亚片区的 13 号矿山废弃地，位于山坡之上，可在山顶俯瞰西山水库和角美镇城区，环境优美，适合旅游度假。

温泉文化体验区：温泉文化是指人类在发现和利用温泉过程中所创造的物质财富和精神财富的总和，是对温泉基本规律认识、把握和驾驭程度的智慧结晶。具体来说主要包括对温泉形成、地质条件、温泉与人类关系、温泉相关的文字记载和文学作品、温泉开发与合理利用、温泉社会经济效益研究与实践等。对于漳州台商投资区而言，具有良好的温泉文化的孕育土壤。2014 年漳州市荣膺"中国温泉之城"的称号，加之该地区对温泉的开发利用历史比较悠久，成效比较显著，龙佳、多棱等温泉品牌已经普遍得到社会公众的认可，由此也孕育出具有显著地方特色的温泉文化。当前漳州台商投资区温泉文化已深入民心，成为漳州地区社会文化的有机组成。同时漳州地区历史名人荟萃，传统文化底蕴深厚。通过设立温泉文化体验区，将温泉文化体验与闽南民俗文化、茶文化、宗教文化和名人逸事等宣传展示活动相结合，使游客在温泉文化体验的同时，深入了解闽南文化特别是漳州地区文化的精髓。该体验区建设既要考虑娱乐休闲性，又要兼具文化普及功能。该规划位于 7 号矿山废弃地，规划建设效果图如图 9.98 所示。

图 9.98　拟建矿山公园效果图

规划理念来源于重庆渝北铜锣山矿山公园。铜锣山地区是渝北优势矿产石灰岩的主要产地，从 20 世纪 80 年代起，该地区就有采石活动，经过多年开采，当地生态环境遭受了严重破坏，2010～2012 年，重庆市全面关停了铜锣山 26 家采石场，关停后的废弃矿区由 41 个较大的废弃矿坑开采区及影响区构成，面积共计 14.87 km^2。针对这些废弃矿山，通过实施生态修补、环境恢复、清除安全隐患、废弃矿区综合利用等举措进行综合整治和利用规划，最终构建起铜锣山国家矿山公园。铜锣山国家矿山公园前期工程主要是完成废弃矿区的恢复和治理，通过整治，消除废弃矿坑和边坡的隐患，恢复生态环境，完善道路等基础设施。后期重点建设铜锣山国家矿山公园的配套项目，如儿童地质科普体验馆、矿山观光走廊、动漫儿童乐园、康体郊野公园、巴渝民宿等配套设施。

3）复合型旅游开发模式

规划范围包括铁路西侧亚片区的3~6号矿山废弃地。

规划原则：结合漳州台商投资区社会经济快速发展的需求和西山片区矿山废弃地的现状，本着"消除地质灾害隐患、治理青山挂白及再造景观、综合治理"的原则，对该区域内严重损毁的崖壁、山体进行整治性开采削平，改造为可供进一步利用的土地，后期作为可用于大型城市主题儿童乐园规划建设或工业仓储园区建设的储备用地。

规划措施：包括铁路西侧亚片区的 3~6 号矿山废弃地，近期重点开展矿山废弃地环境治理工程，适度削坡、平整土地、自上而下植被造林，消除地质灾害、增加稳定性，后期建设与"方特欢乐世界"类似的大型城市主题儿童乐园，也可根据当地社会经济发展的需要，规划建设工业园区或者仓储物流基地。城市主题儿童乐园规划建设 8 个大区，分别是：空中冒险区（重力锤、海盗船、摩天轮、太空飞梭等），未来水世界（激流勇进、彩虹滑道等），丛林探险区（碰碰车、疯狂原始人、荒野大镖客等），魔力古堡区（鬼屋、哈哈镜、时光穿梭机等），疯狂跑道区（大型过山车），梦幻剧场（5D 电影、卡通人物表演），中心广场区（音乐喷泉、定时表演、休闲餐饮、夜间焰火晚会），以及园区入口广场区。具体见功能分区（图 9.99）。

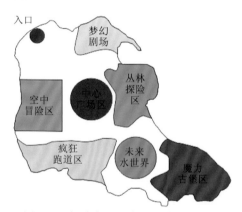

图 9.99　拟建主题儿童乐园功能分区图

主题乐园的分区设置重点考虑了矿区实际的地貌特征。未来水世界设置在 5 号矿山废弃地角美镇石料场现有矿坑水体的位置上。丛林探险区设置在现有的 6 号矿山废弃地捷兴石料场的山体林带上。疯狂跑道区则规划设置在目前的采石残壁的主要分布区域，利用起伏的山势和残壁间的地形高差，架设各类过山车跑道，增加游乐中的刺激感受。

规划理念来源：①长沙湘江欢乐城项目。该项目为迄今为止世界上最大的室内冰雪乐园，也是世界上唯一悬浮于废弃矿坑之上的冰雪游乐园。该项目创造性地利用废弃矿坑，构建由欢乐雪域、欢乐水寨、欢乐海洋、欢乐天街和华谊兄弟电影小镇等核心项目为一体的欢乐王国，冰雪世界包括欢乐雪城和欢乐水寨两部分，前者建筑面积约 8 万 m^2，室内雪乐园主功能区 3 万 m^2，不同级别的雪道、滑轨沿深坑地势连接两座"阿尔卑斯小镇"。室外水乐园占地 7 万 m^2，以热带岛国为主题，并依托深坑打造世界上落差最大的悬崖滑道。②云南安宁市温泉水上乐园。用于建设水上乐园的区域原为龙山石灰石采场，因长年开采形成了 462 亩的巨大坑洼，矿坑底部较螳螂川水位低近 20m，被地下水、雨水浸泡，目前蓄水 60 万 m³。利用原有矿坑地形，按照国家 4A 级景区标准，建设集海盗庄园、盐浴漂浮、彩色花海、无边泳池、人工瀑布、高空溜索、音乐喷泉、特色温泉和太极湖、美食街、康养区为一体的特大型综合水上主题乐园。

4）工业或仓储类模式

规划范围为西山北部亚片区的 16 号和 17 号矿山废弃地。

规划原则：结合台商区社会经济快速发展的需求和西山片区矿山废弃地的现状，本着"消除地质灾害隐患、治理青山挂白及再造景观、综合治理"的原则，选择不在重要交通干线两侧可视范围、集中居住区周边、河流湖泊周边的矿山废弃地，前期在制定《矿山生态环境保护与恢复治理规划》的基础上，进行适度利用；后期复垦为工业或仓储类用地。

规划措施：包括西山北部亚片区的 16 号和 17 号矿山废弃地，前期适度开展矿山废弃地治理工程，为后期规划建设工业或仓储基地提供一定面积的场地。16 号和 17 号矿山废弃地的现有开采高程介于 80～160m，在进行矿山废弃地治理工程时，标高不能低于 100m，矿山废弃地边坡综合治理和综合土地整理的方法，可参见铁路西侧亚片区的 3～6 号矿山废弃地的要求，后期的"工业或仓储开发模式"要进行专项规划研究，建设效果如图 9.100 所示。

图 9.100　拟建工业或仓储基地效果图

5）垃圾处理模式

规划范围为西山北部亚片区的 18 号矿山废弃地。

规划原则：提升台商投资区人居生活环境及发展环境，彻底处理区域生活垃圾和城市建筑垃圾问题。

规划措施：开展垃圾资源化综合处理，前期阶段包括编制并通过环评报告、地质勘查报告、安全评估报告、节能报告、初步设计、施工图设计等验收。垃圾处理后的固体物、水、空气等必须达到国家和省级污染物排放标准，垃圾余渣变成环保建筑材料和有机复合肥等。项目建成后，能有效解决区域垃圾问题，提升区域环境质量。

6）生态墓园／山体公园模式

规划范围为西山北部亚片区的 19 号矿山废弃地。

规划原则：矿山废弃地修复后成为生态用地，充分发挥其土地价值，有效解决城区范围内墓葬用地紧张问题。

规划措施：西山北部亚片区 19 号矿山废弃地原为一取土场，该取土场原为宜林荒山荒地、工业原料林基地，现仅有零星植被，多为松树、巨尾桉、相思树与草本。该取土场部分区域已整平，水土流失严重，土质边坡，岩质地表。废弃地邻近一公墓，如图 9.101 所示。

图 9.101　废弃地邻近公墓现状图

该规划依据矿山废弃地位置现状和地貌条件，依托西山为骨架，布置各具主题的园林植物和生态缓冲林带，以西山浓郁绿地和林带衬托园林展示区，串接有机分布的多个绿地组团，辅助登山道路铺设，构建供周边村落居民休闲的山体公园。同时可以在邻近公墓的区域建设生态墓园，整个墓园置于山体公园的一角，郁郁葱葱，庄严肃穆。

规划理念来源：①位于济南市区的丁字山曾经是一处采石场，山体受到严重破坏，并一度遭遇垃圾围山。从 2016 年 8 月开始，为期一年的丁字山绿化和景观改造工程全面实施，在丁字山上共种植花卉苗木数万棵，修建了新登山道和健身步道，布置了多处健身设施和场地，在采石废弃地上构建了一处山体公园。②承德滦平天桥生态陵园。该地区原为采石矿区，地形复杂，由于长期的采石经营，大部分为矿坑，渣土量大，弃土堆积如山，植被表皮人为破坏严重，呈现出山体、台地、深坑、斜坡等形态。首先对不同类型场地的改造整理，而后进行地块的生态修复，具体措施是原始地貌较佳的地块，在现场增加植物，提高植被覆盖率。原矿渣土上重新覆土，增加绿植；原有斜坡地块，采用纤维毯、生态袋等手法，将随时会出现滑坡现象的大斜坡进行固土护坡，种植植物；原有山体洼地形成排水沟等。经过上述措施，逐步形成园林格局，在此基础上建设生态陵园。

9.4.3　九龙江片区修复方案

通过对九龙江片区矿山废弃地的现场调查，我们基本掌握了目前九龙江片区矿山废弃地的详细情况，归纳总结出以下几个代表性特征。一是该地区地势较为平坦，拥有大面积的覆土区域，同时还有大面积的石料堆积场地。二是由于历史上该地区是饰面用花岗岩石料的主要开采区域，当地饰面用花岗岩开采方式是倚靠山体，利用大型切割机垂直切割，再利用铲装车从底部铲断后由载重卡车装运走。因此采石的残留岩壁十分光滑完整，立面基本为 90° 垂直，结构十分稳定。三是该地区交通比较便利，可达性较好，矿区元素较为单一，主要就是采矿留下的深坑、堆放石料的堆场、少量厂房和其上的植被。同时该片区距离周边村庄和现有工业厂区较近。

基于以上特征，本修复方案对于该片区矿山废弃地生态修复整体思想是：把九龙江片区视为重点开发利用区，即在工程绿化的基础上，更注重将集中在一起的多个废弃地作为一个修复单元，开展后期的综合性开发利用。再利用目标是建设城市休闲娱乐活动区、文旅小镇或工业园区。

具体的生态修复模式措施见表 9.25，生态修复模式的规划示意图如图 9.102 和图 9.103 所示。

表 9.25　九龙江片区矿山废弃地生态修复模式措施

所属分区	编号	生态修复模式	
		模式 1	模式 2
沈海高速西亚片区	20	工程绿化模式	复合型旅游开发模式/城市公共设施类模式
	21	工程绿化模式	复合型旅游开发模式/城市公共设施类模式
沈海高速东、角江路南亚片区	22	工程绿化模式	复合型旅游开发模式/工业或仓储模式
	23	工程绿化模式	复合型旅游开发模式/工业或仓储模式
	24	工程绿化模式	复合型旅游开发模式/工业或仓储模式
	25	工程绿化模式	复合型旅游开发模式/工业或仓储模式
	26	工程绿化模式	复合型旅游开发模式/工业或仓储模式
	27	工程绿化模式	复合型旅游开发模式/工业或仓储模式
沈海高速东、角江路北亚片区	28	工程绿化模式	复合型旅游开发模式（休闲绿地公园/葡萄酒庄园）

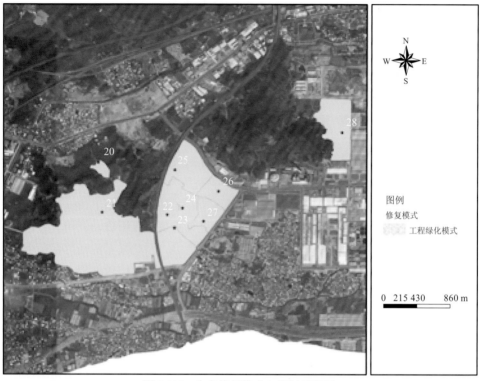

图 9.102 生态修复模式 1 规划示意图

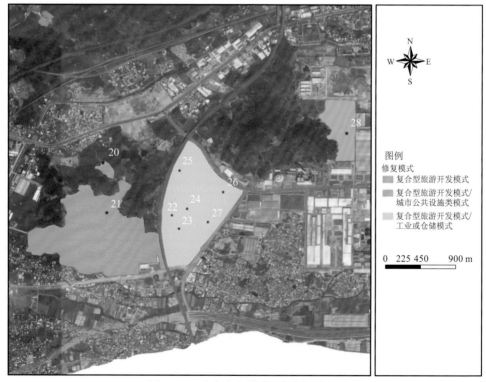

图 9.103 生态修复模式 2 规划示意图

1. 生态修复模式 1 的规划措施

1）生态修复模式选择

由表 9.25 和图 9.102 可见，九龙江片区的生态修复模式 1 是区内全部 9 个矿山废弃地均采用工程绿化模式。具体包括 3 个亚片区：沈海高速西亚片区 2 个（20 号、21 号）矿山废弃地，沈海高速东、角江路南亚片区 6 个（22~27 号）矿山废弃地，沈海高速东、角江路北亚片区 1 个（28 号）矿山废弃地。

2）生态修复的原则

根据实地现状调查，矿山废弃地类型包括崖壁、裸地（露天采场、工业场地、矿区道路）、林地、水体，采取工程绿化模式进行矿山废弃地生态修复，遵循以下原则。

（1）生态安全的原则：矿山开采后，地形地貌变化大、崖壁多，在开发与利用过程中，要将安全问题放在特别重要的位置上，因此矿山废弃地生态修复对维护区域生态安全起到重要作用。

（2）保护优先的原则：九龙江片区矿山废弃地存在一些次生林或已进行植被恢复的零星植被，以及采矿残留矿坑形成的积水坑体，在生态修复过程中应优先予以保护，修复后的地形地貌及植被应与当地自然环境相协调。

（3）不同措施相结合的原则：在矿山废弃地生态复绿过程中，应因地制宜、因害设防，工程措施、生物技术和生态农艺技术相结合，最大限度地减轻废弃矿山的水土流失，改善生态环境。

3）生态修复技术与措施

与西山片区相比，九龙江片区矿山废弃地大多原为饰面用花岗岩开采矿区，其中 21 号和 22 号采用的山坡式开采模式，石壁主要位于地面以上；28 号采用凹陷式开采模式，形成地面以下的坑壁。其他 23~27 号采用山坡式和凹陷式混合开采模式，形成了地上与地下的连续石壁。片区内的采石残留岩壁光滑完整，立面基本为 90°垂直，结构十分稳定，属于坚硬基岩面；同时地势较为平坦，拥有大面积表层有覆土的平坦迹地，裸地较少。更有利用于在其上开展工程复绿工作。

（1）挂笼砖生态修复。采用配置好的栽培基质加上黏合剂压制成砖状土坯，在砖胚上播种草类等植物种子，经养护后，砖胚形成长满絮状草根的绿化草砖，将草砖装入分格均匀的过塑网笼砖内，形成绿化笼砖，将笼砖固定在岩质坡面上，达到及时绿化修复崖壁的效果，这种生态复绿技术称为挂笼砖生态修复技术。该技术具有保水保肥、耐雨水冲刷、时效长（5~10 年）等特点，多用于解决 75°以上高坡度石壁边坡的复绿难题，在华南广大地区应用较为广泛。

笼砖规格一般为 50 cm×40 cm×10 cm，每个笼内两个草砖。草砖播种密度为 20 g/m²，草高 5~8 cm，可选择狗牙根、高羊茅等品种。网笼一般采用过塑镀锌铁丝六角网。安装笼砖时，在硬质坡面上自上而下用电钻打孔（九龙江片区石壁稳定性好，不易脱落），用水泥将直径 12 mm、长 15~20 cm 的镀锌螺杆固定，挂好笼砖后用螺母、介子固定住。

生态笼砖适用于本区内 20 号、21 号矿山废弃地（高度较高，壁面接近 90°，表面较为光滑的石壁）的生态修复（图 9.104、图 9.105）。

图 9.104　生态笼砖修复治理局部效果图

图 9.105　生态笼砖修复治理整体效果图

（2）植生袋（生态袋）生态修复。植生袋是一种新型的矿山边坡绿化材料。它是将选好的草、灌木种子、保水剂、微生物肥料等材料，通过机器设备制作成植生带，并覆上一层抗老化绿网，然后将复合好的材料按一定规格缝制成袋子，即植生带和绿网袋的有机结合体。植生袋耐腐蚀性强，耐微生物分解，抗紫外线，易于植物生长。

植生袋可以在无土的岩石或者山体滑坡后遗留的裸露部分施工，本片区内诸如 23 号和 24 号矿山废弃地内的低矮石壁，石壁倾角在 60° 以内，表面由于机械切割十分光滑。由于该类石壁坡面整体光滑平直，不宜采用喷播复绿，同时板锯石材后往往会留下小平坦，适合采用植生袋绿化方式，以此达到遮挡原有光滑石壁的绿化效果。

植生袋在坡面平铺时，要先将坡面修平整，去除石块树枝等杂物，若有坑洼需用土填平夯实，在铺设前先在坡面上覆盖一层 10～15 cm 厚的基土，从而增加草根的扎根深度并且使植生袋底部和基面紧密接触，从而减少植生袋表面暴露面积，达到保持水分、增加耐旱力的作用。在岩石基面上施工时，应放置一根 PVC 管，长度从基面至新垒的植生袋外墙，通过罐子把基面里的水排出，避免长时间浸泡植生袋造成塌方。为了使岩石坡体表面的植生袋铺设时候更加稳固，也可采取植生袋加筋方式处理，如图 9.106、图 9.107 所示。

图 9.106　植生袋修复治理工程图

图 9.107　植生袋加筋构造图

（3）种植槽（板槽）生态修复。针对十分陡峭的岩壁上开展复绿，这些陡峭岩壁基本不具备植物生长基材附着或存蓄的条件，因此需采取在岩壁上砌筑或浇筑小型围挡结构（图 9.108），在围挡架构上放置种植槽（图 9.109）。在这些槽台内填充基材，种植特别耐干旱、贫瘠的小型灌木或藤蔓，在崖壁上形成点状式绿化或者在石壁表面架设网状绳索，利用所种植的藤本植物，产生攀援或垂悬绿化的效果。此方法适用于本片区的近乎垂直的光滑切割立面。对于 21 号、22 号那种高坡石壁，在配置种植槽的同时，需要采用多层配置法，即底层种植上爬植物，中部种植槽内种植上爬植物和悬垂植物，顶部种植悬垂植物。藤本植物选取时要充分考虑攀爬速度和抗旱能力。高陡崖壁复绿效果图如图 9.110、图 9.111 所示。

图 9.108　高陡石壁架设钢架结构

图 9.109　种植槽示例图

图 9.110　高陡崖壁点状式复绿效果图

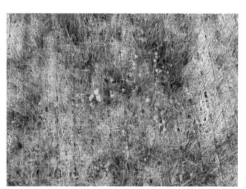

图 9.111　石壁藤本植物攀援绿化效果

（4）坑体水生态景观修复。对于积水采石坑体，以 28 号龙口山矿区较为典型，矿体四周石壁近乎垂直，坑体内有一定深度积水，四周肯定可以利用其上部的部分覆土种植藤本植物下垂遮蔽坑体的四面光滑石壁。同时利用现有矿坑积水，其上可以种植浮水植物（凤尾莲等），水下可以种植沉水植物（金鱼藻、轮叶黑藻等），以及适当种植一些莲，构建水生态系统的同时，增强景观效果。后期可参照法国 Biville 采石场的再利用模式，在矿坑水体中投放河蚌、鱼类、鸭子等动物，达到净化水体、构建完整水生态系统的目的。通过周围配套景观的建设，形成以湖体为中心的一个休闲娱乐场所，后期可以发展生态养殖、休闲鱼钓、观光休憩及渔业体验等项目（图 9.112）。

图 9.112　经修复后的采石矿坑注水成湖的景观效果

2. 生态修复模式 2 的规划措施

1）城市休闲主题公园

规划范围包括沈海高速西亚片区和沈海高速东、角江路南亚片区的 20～27 号矿山废弃地。

规划原则：结合漳州台商投资区社会经济快速发展的需求和九龙江片区矿山废弃地的现状，本着"消除地质灾害隐患、治理青山挂白及再造景观、综合治理"的原则，前期在制订《矿山生态环境保护与恢复治理规划》的基础上，对矿山废弃地进行地形整理和工程绿化，后期作为可用于城市休闲主题公园建设的储备用地。

功能分区：拟建设的城市休闲主题公园包括东西两个园区，分别对应沈海高速西亚片区（北部）和沈海高速东、角江路南亚片区。西边园区规划发展定位是以观赏休憩为主，东边园区规划发展定位是以娱乐休闲活动为主。园区各类项目设置可以满足不同年龄层次游客的需求。未来该城市休闲主题公园可以纳入规划建设的横山郊野公园中。

如图 9.113 所示，休闲主题公园西区功能分区主要包括景观区、休息区、绿植花卉区和高尔夫训练区四个部分，其中景观区主要是利用现有的采石残壁造景和综合利用。绿植花卉区主要是利用现有的原生植被，通过清理、补植等方式实现大面积的城市休闲绿地。高尔夫训练区利用现有的地形地貌条件，铺设人造草坪，设置球道、坑洞，为漳州台商投资区居民提供一处节假日休闲运动的场地。休息区则是为游客提供餐饮、品茗等休憩活动场所。此外，沈海高速西亚片区（南部），结合流传村新闽南水乡规划，预留为文旅小镇的建设用地。将当地闽南乡土文化与乡镇城发展有机有效结合，在对长期开采形成的矿山、矿坑进行环境提升的基础上，建设商旅融合发展的闽南文化旅游特色小镇。

具体规划措施如下。

西区详细规划：由前述的功能分区图可以清楚看出，西区可以按大类划分为四个类别，即景观区、绿植花卉区、文化旅游特色小镇区和休息区。

（1）景观区是利用该区域内采石遗留下的石壁或者采坑，利用人工造景的方式，产生景观效果。此处共包括两处景观，分别对应 21 号和 22 号矿山废弃地的采石残壁或采坑。

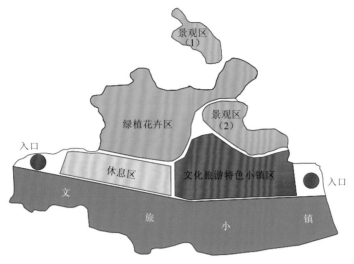

图 9.113　休闲主题公园西区功能分区图

景观区（1）：图 9.114 是拟建设的景观区（1）内采石残壁的现状情况，残壁前方有一定面积的水体，后面采石残壁呈半弧形，采石壁光滑，且石壁顶端山体的植被覆盖较为良好，可设计为瀑布景观或者摩崖石刻景观。规划理念来源采石崖壁摩崖石刻群景观设计，由厦门市翔安县香山景区的摩崖石刻造型设计。厦门市翔安县香山景区将景区内原有的采石坑改造为闽南味十足的大师摩崖石刻群，成为景区最具特色的人文景观。该废弃采石坑的石文化改造工程围绕朱熹文化、清水祖师信仰文化和翔安民俗文化三大主题，突出闽南特色的艺术品位，专门聘请国字号雕刻大师现场创作。瀑布景观设计理念参照了徐州珠山宕口遗址景观公园内利用山体和采石残壁设计"组合式瀑布"的设计理念。

图 9.114　景观区（1）采石残壁现状

景观区（2）：图 9.115 是拟建设的景观区（2）内采石残壁的现状情况。残壁前方有一块十分平整且面积较大的迹地。后面采石残壁呈半弧形，采石壁光滑，且石壁顶端山体的植被覆盖较为良好，可设计成为石壁大舞台或者音乐广场。在这里可定期开展文艺节目表演或者专场音乐会，作为主题公园一项重要的文化休闲体验项目，可以丰富周边居民的文化生活。规划理念来源于奥地利罗马采石场欢庆地。建设具有特色的文化演艺剧场及欢庆场地，其设计基本思想是将壮丽的岩石风景延伸至各处的戏剧舞台，以达到视觉上的场地融合。剧场的看台与舞台受益于特殊的地形地貌，设计师还利用了一系列大型楼梯和桥梁结构联系场地内外交通，从采石场的顶端以 Z 字形一直向下蜿蜒到主要的欢庆场地上。略微倾斜的支柱在崎岖的边坡地带将道路支撑起来，创造出了一种独特的景观。交通设施铁锈的颜色与采石场中浅色的岩石形成了强烈的视觉对比。

图 9.115　景观区（2）采石残壁现状

（2）绿植花卉区在 22 号和 23 号矿坑西侧。图 9.116 是较大面积的绿植覆盖区域，区域内有零星碎石分布及一些废弃工业场地建筑。因地制宜对废弃建筑进行拆除，同时采用花卉引种或乔灌木补植的方式将该区域规划成为绿植花卉景区。选取适合当地环境条件的花卉品种，通过连片花卉园构建花海景区。再配合长廊、石桌石凳等休憩设施，让游客置身花的海洋、花的世界，让人流连忘返。也可通过对该区域内现有植被补植或乔灌木种植等方式，构建绿色植物景观区，给游客以视觉休憩和美好的大自然感受。

（3）休息区是为游客提供餐饮、品茗等休憩活动及开展一些特色旅游商品售卖的场所。在该区域内规划建设一些露天餐饮、茶社茶吧、售卖商店等简易建筑物，此外可以设置一些游客休息区。

（4）文化旅游特色小镇区：在沈海高速西侧亚片区（恒苍三路南）区域内，利用矿山废弃地修复后的地形地貌，因势利导，结合流传村新闽南水乡规划，将当地闽南乡土文化与乡镇城发展有机有效结合，建设商旅融合发展的闽南风情文化旅游特色小镇。

规划理念来源于梅州客天下特色小镇。客天下位处梅州市江南新城的核心区域，占地面积约 $2\,000\,hm^2$，是一个在废弃采石场地上建立起来的，以梅州原生态的自然山水、深厚的客家文化为依托，建设集科研、教育、培训、生态、文化、休闲、度假、居住和旅游等为一体的客家文化生态旅游产业特色小镇。该项目是梅州市"十一五"规划打造

图 9.116　拟建绿植花卉区现状

"世界客都、文化梅州"的重点工程，2015 年被列入广东省新型城镇化"2511"美丽小镇专项试点项目。

如图 9.117 所示，休闲主题公园东区功能分区主要包括亲子种植区、拓展活动区、露营活动区、园林景观区、森林冒险区、真人 CS 竞技场等几个部分，其中石趣主题区（崖壁雕刻、攀岩竞技场、石雕艺术广场）和园林景观区主要是围绕现有的采石残壁或者采石采坑合理加以规划利用，其他部分则是利用当前区域内较大面积的平坦迹地或现有的林地加以规划设计。图 9.114 中东侧白色的小部分用地，为预留的企业建设用地。

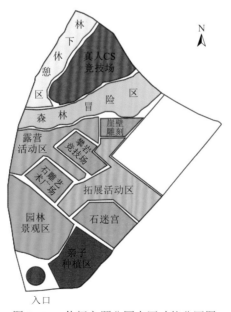

图 9.117　休闲主题公园东区功能分区图

东区详细规划：由前述功能分区图可以清楚看出，东区按大类亦划分为四个类别，即石趣主题区、园林景观区、林地休闲娱乐区和空旷场地休闲娱乐区。

（1）石趣主题区：主要依托该区域内现有采坑和石料堆场（图9.118）规划改造设置。

石迷宫区：利用区域内现有的大量堆积的块状石料，建设石趣迷宫，游客可以在迷宫中尽享探险之乐趣，寻找童年的感觉。

图9.118 拟建石趣主题区现状

攀岩竞技场：23号和24号矿点彼此间距离较近，且均有很显著的采坑存在（图9.119）。将两个矿点所在区域合并起来统一规划一处攀岩竞技场。

图9.119 矿点采坑现状

攀岩运动有"岩壁芭蕾""峭壁上的艺术体操"等美称，由登山运动衍生而来，富有很强的技巧性、冒险性，是极限运动中的一个重要项目，目前国内很多青少年都热衷于开展该项活动。利用图9.119所示的采石后残留的石壁，重点发展建设攀岩活动区。完成石壁碎石清除、加固排险，消除安全隐患后，在石壁上安装攀爬点和攀爬设备，完成攀岩场地的建设，同时完成地面场地配套设施的建设。攀岩竞技场规划理念来源宁波鄞江的上化山国家攀岩公园，整个公园占地100亩，由国际攀岩景区和一个开放式公园组成。二期还将建设石窟景区，定位为兼具观光旅游与休闲功能。

石雕艺术广场：在现有的石料堆场的位置上，规划设立一处石雕艺术广场。利用现有石料堆场中的大块石材，精心雕刻出人像等形态各异的造型石雕，置于艺术广场四周，增加广场整体的艺术感和美感。同时在广场上，吸收石桌、石凳、喷泉、绿植等元素，定时放飞白鸽，供游客观赏、休憩。

崖壁雕刻：利用区域内现有的采石残壁（图 9.120），结合漳州台商投资区当地的文化特色，开展崖壁雕刻的艺术创作。崖壁雕刻规划理念来源湖北省襄阳市，在一处废弃采石场上雕刻孟浩然和其经典五言古诗《春晓》，将环境保护与文化艺术很好地结合起来，废弃采石场变成了石雕艺术品。这里原本是一所劳改农场的采石场，20 世纪末被废弃。由于多年开山炸石，山体、崖壁变得千疮百孔，成为破坏当地生态景观的"牛皮癣"。经过专家学者研讨，采取了依据山体雕刻石像进行修复的方案。亦可参考泰国金佛山的岩壁金佛雕刻的效果方案。

图 9.120　采石残壁

（2）园林景观区（休闲垂钓区）：区域南部现有一个大水塘，该水塘为原采石坑由于天然降水形成的，如图 9.121 所示。以目前的水塘为中心，在其周边造景，规划建设驳岸、木

图 9.121　积水采石坑

栈道、假山、凉亭、绿植等元素，营造出古朴典雅的中式园林景观。园林景观区规划理念来源徐州珠山宕口遗址景观公园。景观设计中重视对宕面的处理，掌握依形就势的原则，高处设置合理的景观节点，低洼处设置水景，相对开阔的宕面平地设置景观台，从而分别设计出日潭、月潭、珠山瀑布、"天池"双湖等景观，再通过木栈道、山间云梯等元素将各个景点串联起来，突出表现原有宕口的奇峰异石与设计的景观节点的完美结合，真正做到一步一景。这里主要是参考了其采石矿坑改造建设日潭、月潭景观的方法理念。

（3）娱乐休闲区：在利用现有采石矿坑遗迹和石料堆场发展各类型石趣娱乐休闲项目的基础上，在区域内现有的较为平坦且空旷的场地内，进一步完善该园区的其他娱乐休闲属性，如设置拓展活动区、亲子种植区、野营地、真人 CS 竞技场等。

从图 9.122 可以清晰看到，在采石堆场和角江路工业聚集区之间有大面积的空旷地，空旷地较为平坦，表明有土层，部分区域有植被覆盖。利用该区域可以发展休闲娱乐项目。

图 9.122　石料堆场现状

娱乐休闲区规划理念来源厦门集志农庄。它是一处废弃采石场改造来的休闲农庄，位于集美天马山脚下，占地 70 多亩，集现代农业、观光休闲、度假养生、文创结合、互动体验等为一体，建有果园、餐饮及垂钓等休闲项目，环境优美，是集美区摄影创作基地。利用废弃采石场改造既能避免农庄选址的限制，又能变废为宝享受补助。为废弃采石场改造探索出了一条新路子，被誉为"变废为宝的绿色农庄"。

（4）林下休闲娱乐区：在 25 号、26 号采矿废弃地采坑的北部山坡上，有一定数量的森林植被分布，规划在该区域内发展各类森林探险的娱乐休闲项目，做到因地制宜地进行开发利用，包括森林冒险区和林下休憩区等。如图 9.123 所示，远处山坡上植被茂密，为林木所覆盖。

图 9.123　矿区采坑现状

2）光伏发电站/工业园区

　　基于该区域除切割采石形成的部分立面和矿坑外,整体地势较为平坦且距离周边现有工业聚集区距离较近。如图 9.124 所示,角江路北侧紧邻沈海高速东、角江路南亚片区的是以徐工集团为代表的一系列工业厂房,该亚片区南侧分布着各类生产企业（图 9.125）。

图 9.124　邻近矿区角江路北侧现有工业聚集区

　　考虑到区域整体布局的相容性和台商投资区未来经济发展的需要,可以规划建设现代化工业园区及光伏电站。

图 9.125　片区南侧邻近的食品加工企业大楼

规划范围：光伏电站拟规建于沈海高速西亚片区（20 号、21 号矿山废弃地），工业园区拟规建于沈海高速东、角江路南亚片区（22～27 号矿山废弃地）。

规划原则：结合台商区社会经济快速发展的需求和九龙江片区矿山废弃地的现状，本着"消除地质灾害隐患、治理青山挂白及再造景观、综合治理"的原则，前期在制定《矿山生态环境保护与恢复治理规划》的基础上，对矿山废弃地进行地形整理和工程绿化，后期作为可用于光伏电站或工业园区建设的储备用地。

规划措施如下。

（1）光伏发电站。在沈海高速西亚片区内，规划建设光伏发电站，一方面达到大面积矿山废弃地的合理开发利用的目的，另一方面缓解地区用电紧张的问题。

光伏发电站规划理念来源于江苏溧阳废弃荒山采石场变身清洁光伏发电场。江苏溧阳市埭头镇 20 兆瓦"农光互补"光伏电站于 2015 年年底竣工并网发电。该项目占地 668 亩，选址在环境破坏严重、经济效益不高因而废弃的荒山采石场地块。该光伏电站每年可发电约 2100 万度，相当于每年减少消耗标准煤 6 455.14 t。当地农民在光伏板下种植农作物，提高土地利用率，实现光伏发电与生态种植的有机结合。

（2）工业园区。在沈海高速东、角江路南亚片区，规划建设工业园区，建成后的工业园区可以与角江路北侧现有的工业区遥相呼应。通过该工业园区的建设，使得该地区成为未来漳州台商投资区重要的工业聚集地。规划理念来源姚家山工业园区，该园区位于湖北省武汉市蔡甸区。该园区石材资源丰富，历史上曾有大小采石场 300 多家，分布在全区 100 多座山头，占地面积 1 万多亩。随着采石企业关停后，遗留下了大量陡峭山头，无数乱石岗，生态环境状况恶劣。当地提出了资源开发利用和生态环境保护协调发展的思路，蔡甸区制定了废弃矿山治理规划。对城镇周边、高速公路、国道省道两侧可视范围内废弃矿山，进行边坡治理和大面积平整，整理出的土地与周边进行连片开发。为了最大限度地发挥土地资源的集约效应,蔡甸区积极引导企业向园区集中。目前,姚家山开发区已在废弃矿山上建成工业用地 1200 亩,在建 600 亩,形成了 5.5 km² 的工业园区。

3) 葡萄酒庄园/湖心公园

规划范围位于沈海高速东、角江路北亚片区的龙口山饰面用花岗岩矿区(28 号矿山废弃地),其位置相对独立。该矿区由一采石坑体和周边一定面积的采石堆场组成。采坑的现状是四周是饰面用花岗岩切割的残壁,中间有一水面。岸边有一定的植被覆盖,可通过石坡由采石残壁顶部下至水面。下述的葡萄酒庄园和湖心公园均拟规建于该矿山废弃地范围内。

规划原则:结合漳州台商投资区社会经济快速发展的需求和九龙江片区矿山废弃地的现状,本着"消除地质灾害隐患、治理青山挂白及再造景观、综合治理"的原则,前期在制定《矿山生态环境保护与恢复治理规划》的基础上,对矿山废弃地进行地形整理和工程绿化,后期作为可用于葡萄酒庄园或湖心建设的储备用地。

规划措施如下。

(1) 葡萄酒庄园。将现有坑内水体抽干,利用现有采石残留的矿坑建设多层葡萄酒庄园的城堡型主体建筑,再配合周边布景及葡萄种植园建设,形成一个集葡萄种植、葡萄酒酿造、葡萄酒品鉴、旅游休闲为一体的现代葡萄酒庄园。功能区设置分为葡萄种植园地、酿酒中心、庄园古堡、室外休闲酒座、酒文化主题花园几个区域。矿坑内的庄园古堡建筑部分为地下部分和地上部分。地下部分主要设置为地下酒窖,地上部分设计为餐厅(品酒中心)、会议室、客房等功能设施场馆,可以供商务接待、旅游休闲等使用。

规划理念来源于张裕瑞那城堡酒庄。它是西咸阳新区秦汉新城先期实施的都市农业项目之一,酒庄规划布局、功能定位与西咸新区规划和要求高度适应。酒庄的整体设计中有一定规模的标准化葡萄园,可以为游客提供自然的现代田园风光和观赏游览,能够改善生态环境和提升农业的综合效益,最大限度地实现一、二、三产业的良性互动和可持续发展。该酒庄占地 1100 亩,可年产高档葡萄酒 3000 t。酒庄采用意大利托斯卡纳式的建筑风格,是一个集优质葡萄种植、高端葡萄酒生产销售、葡萄酒文化展示和旅游休闲"四位一体"的国际一流葡萄酒酒庄。酒庄整体布局上分为酿酒葡萄种植园、鲜食葡萄采摘园、葡萄酒生产区、地下大酒窖、葡萄酒文化博物馆、个性化体验中心、餐饮、住宿等多个旅游项目。

(2) 湖心公园。利用目前的水体和地形地貌建设谷底湖区景观。以湖体为中心,周边补植各类观赏植物,中心湖区内可以投放观赏鱼类,或放养各类鱼苗。打造成为一处供周边居民前往休憩、垂钓的小型湖心绿地公园。

9.4.4　金山片区修复方案

通过对金山片区矿山废弃地的现场调查,归纳总结出以下几个代表性特征。一是该地区矿点数量较少且较为分散,除金山矿区和金山龙佳矿区紧邻,其他矿区间距离较远。二是该地区矿坑较大且深,以金山龙佳矿区最为典型。三是矿点类型多样,既有建筑用凝灰岩矿,也有建筑用花岗岩和饰面用花岗岩矿。四是废弃矿区紧邻社区,周边多居民集中居住点。

基于以上特征,本修复方案对于该片区矿山废弃地生态修复整体思想是:把金山片区定义为开发利用区,即在工程绿化的基础上,更注重将单个矿点作为修复单元,开展后期的综合性开发利用。再利用目标是建设城市休闲娱乐活动区,为周边乃至漳州台商投资区居民提供休闲娱乐活动场所。

具体生态修复模式措施见表9.26、图9.126、图9.127。

表 9.26　金山片区矿山废弃地生态修复模式措施

所属分区	编号	生态修复模式	
		模式 1	模式 2
龙坑山西侧	29	工程绿化模式	复合型旅游开发模式(佛文化主题公园)
亚片区	30	工程绿化模式	房地产开发模式(森林老年公寓群)/复合型旅游开发模式(绿色生态园)
金山村西侧	31	工程绿化模式	房地产开发模式(深坑酒店)/复合型旅游开发模式(矿坑花园)
亚片区	32	工程绿化模式	房地产开发模式(深坑酒店)/复合型旅游开发模式(矿坑花园)

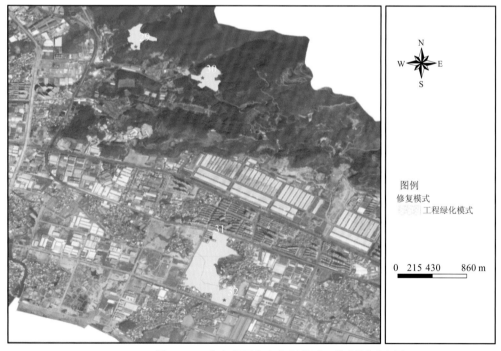

图 9.126　金山片区生态修复模式 1 的规划示意图

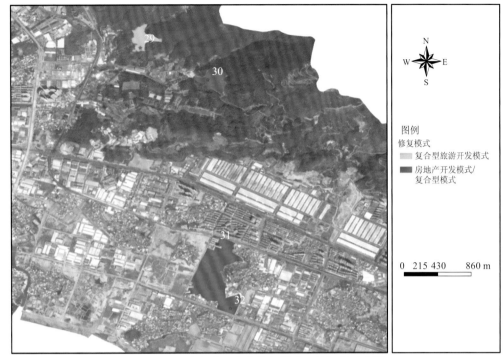

图 9.127　金山片区生态修复模式 2 的规划示意图

1. 生态修复模式 1 的规划措施

1）生态修复模式选择

由表 9.26 和图 9.126 所示，金山片区矿山废弃地的生态修复模式 1 是片区内全部 4 个矿山废弃地均采用工程绿化模式。具体包括 2 个亚片区：龙坑山西侧亚片区 2 个（29 号、30 号）矿山废弃地，金山村西侧亚片区 2 个（31 号、32 号）矿山废弃地。

2）生态修复的原则

根据实地现状调查，矿山废弃地类型包括崖壁、裸地（露天采场、工业场地、矿区道路）、林地、水体，采取工程绿化模式进行矿山废弃地生态修复，应遵循以下原则。

（1）生态安全的原则：矿山开采后，地形地貌变化大、崖壁多，在开发与利用过程中，要将安全问题放在特别重要的位置上，因此矿山废弃地生态修复对维护区域生态安全起到重要作用。

（2）保护优先的原则：金山片区矿山废弃地存在一些次生林或已进行植被恢复的零星植被，以及采矿矿坑积水形成的水面，生态修复过程中应优先予以保护，修复后的地形地貌及植被应与当地自然环境相协调。

（3）不同措施相结合的原则：在矿山废弃地生态复绿过程中，应因地制宜、因害设防，工程措施、生物技术和生态农艺技术相结合，最大限度地减轻废弃矿山的水土流失，改善生态环境。

3）生态修复技术与措施

金山片区的矿点类型多样，既有建筑用凝灰岩矿，也有建筑用花岗岩和饰面用花岗岩矿。因此其采矿的残壁也同时具有西山片区和九龙江片区的特点，其中 29 号和 30 号矿山废弃地原分别为建筑用凝灰岩矿山和建筑用花岗岩矿山，其开采工艺较为接近，开采后残留石壁坡度大、多碎石，稳定性较差，这与西山片区残留石壁情况类似，而 31 号和 32 号矿山废弃地原为饰面用花岗岩开采矿山，采用凹陷开采模式，石材开采后产生巨大采石深坑，深坑四侧石壁陡峭光滑，近乎垂直，这与九龙江片区部分石壁类似。

29 号矿山废弃地的采石残壁倾角较大，石壁高度不高，表面不光滑，存在明显的机械开挖痕迹，顶端有乔木分布，前端平坦迹地的植被覆盖较好，裸露岩体就像一个窗口，如图 9.128 所示。

图 9.128　29 号矿山废弃地典型残壁

基于此，对岩壁进行表面清理、塑形、加固，消除地质安全隐患后，拟采取堆放植生袋或者悬挂生态笼砖的技术开展工程复绿。

30 号矿山废弃地原为建筑用花岗岩开采区，岩壁表面凹凸不平，存在明显的工程爆破痕迹，表面少量覆土，碎石较多，坡体倾角较大，稳定性较差。石壁面上有零星植被，顶端和前端迹地的植被条件良好，如图 9.129 所示。

基于这种特点，在对岩壁进行表面清理塑形加固，消除地质安全隐患后，拟采取板槽技术或者燕巢复绿法开展工程复绿。

31 号和 32 号矿山废弃地原为饰面用花岗岩开采区，采用的是凹陷式开采模式，采坑深度大，四壁陡峭光滑，形成一层层因采石切割而产生的小平台，石壁稳定性高，顶端有植被，坑底平坦有零星植被，基本无覆土有一定的积水区域，如图 9.130 所示。

图 9.129　30 号矿山废弃地典型残壁

图 9.130　31 号和 32 号矿山废弃地典型残壁

基于这种特点，开展工程复绿时，坑底积水区域需要将水排干，同时做好排水设施。坑底平坦少土，按快速覆盖和植物对土壤的要求，需客土回填。客土平均厚度为 1.5 m以上，客土根据需要外运获取。选取植物可以为乔木和林下灌木，乔木可选择相思树、湿地松，灌木选择夹竹桃。

对于光滑采坑四周光滑石壁可采用 V 型槽复绿技术或框架法来开展工程复绿。V 型槽复绿技术是指在陡峭光滑的岩制边坡立面上，按照一定间距，用现场浇注混凝土或安装预制水泥板的方式建造种植槽，回填配置好的专用土壤，栽植各种木本、藤本植物，使植物在良好水土条件下生长，迅速形成绿化与美化生态效果的一种复绿技术。

在本项目实际应用，通过在坡面上沿水平方向按 2 m 左右的间距锚入锚杆，锚杆与水平方向成 45°角，并加入横筋形成种植槽，这种技术是闽南地区类似饰面用花岗岩采石矿坑生态治理常用的方法。如在泉州市政府出台的《关于进一步推进矿山生态治理工作的若干意见》中就提出对于高陡岩石边坡，原则上应采用 V 型槽治理，滴灌养护等治理技术。在槽内种植藤本植物爬山虎、炮仗花、葛藤等，利用藤本植物的攀缘特性，进行石壁的绿化治理，以恢复植被，达到复绿目的。种植时适当密植，密度以 50 cm×50 cm为宜。此类石壁高度过高，多数藤本植被难以攀缘到此高度，必须采用多层配置法，按20 m 分层，底部种植上爬植物，中层种植上爬和悬垂植物，顶部种植悬垂植物。在植物的生长期内要及时除草、浇水、追施速效肥料，先期藤本植物要进行人工牵引导向，引向目的石壁，促进植物向石壁生长。

2. 生态修复模式 2 的规划措施

1）复合型旅游开发模式

规划范围为金山片区内全部 4 个矿山废弃地。

规划原则：结合台商区社会经济快速发展的需求和九龙江片区矿山废弃地的现状，本着"消除地质灾害隐患、再造景观、综合治理"的原则，前期在制定《矿山生态环境保护与恢复治理规划》的基础上，对矿山废弃地进行地形整理和工程绿化，后期作为可用于复合型旅游开发建设的储备用地。

规划措施如下。

（1）佛教文化主题公园。利用现有龙海市东溪坪建筑用凝灰岩矿区（29 号矿山废弃地）发展建设佛教文化主题公园。该采矿废弃地紧邻万福岩寺，万福岩寺为漳州台商投资区当地佛教文化的一处主要寺庙，规划以万福岩寺为主体，构建一个佛教文化主题公园。弘扬佛学文化，开展休闲娱乐。

佛教文化主题公园总体上分为两个大区，一是礼佛区，该区域以现有万福岩寺主体寺院建筑为主，开展各类佛事活动；二是观光区，以矿区废弃地重建区为主体，主要开展佛教文化宣传和市民休闲活动。观光区具体包括五个功能区域：荷塘月色景区、放生池景区、佛学文化长廊、佛教文化广场、礼佛区。具体功能分区如图 9.131 所示。

本规划利用矿区范围内的两处现有水体，面积大的一处规划为荷塘月色景区，面积小的规划为放生池景区。对规划的礼佛区中现有的长条形采石残壁进行加固，沿着崖壁建设佛教文化雕刻群，雕刻群主要反映佛教文化中的一些名人典故。同时配合建设佛学

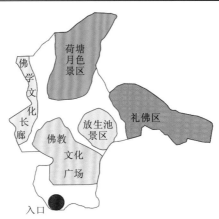

图 9.131　佛教文化主题公园功能区划图

文化长廊和佛教文化广场，通过在长廊两侧橱窗展示佛教文化书法绘画作品和广场上利用多媒体设备放映佛教文化宣传片的方式开展佛教文化宣传，烘托礼佛氛围。另外围绕上述主题，在前期工程复绿的基础上，补植点缀出有山有水的山林禅意的景观效果。

（2）绿色生态园（生态餐厅）（图 9.132）。利用现有龙海市角美原松碎石场（30 号矿山废弃地）废弃地建设绿色生态园。以科技观光为引领，沿矿坑石壁搭建玻璃温室，补充配套设施，组建绿色生态园。规划思路来源于英国康沃尔郡伊甸园项目。

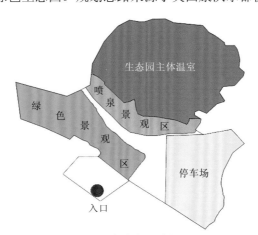

图 9.132　绿色生态园功能分区图

具体措施是利用废弃的采石场地，依附近乎垂直的采石壁，建设建筑面积约 $2\,000\,\mathrm{m}^2$ 的玻璃温室。温室内采用无土栽培技术种植多种瓜果蔬菜植物；并设计水池，种植水生花卉；还可放养观赏鱼类，营造绿色自然生态氛围；加入科普教育相关的功能设施及活动策划，引入生态餐厅等项目，丰富游客的体验内容。建成后，此处可作为环保教育基地，也可作为休闲娱乐场所。

（3）矿坑花园（图 9.133）。利用现有龙海市角美镇金山石料场（31 号矿山废弃地）和角美镇金山石料场龙佳矿区（32 号矿山废弃地）废弃地建设矿坑花园。规划思路来源于上海辰山植物园矿坑花园和加拿大布查特大花园。由于饰面用花岗岩靠山自上而下采石切割，两个矿区各自形成一个巨大的采坑，且两采坑相互邻近。由于天然降水，在采坑最深处已形成一定深度的天然积水，采坑石壁光滑垂直，稳定性较好。规划保留现有矿坑，参考同类矿坑花园的修建模式，建设矿坑花园（分深潭区、台地区、山地区和花卉区）。两个矿区的深坑贯通形成一个巨大深坑，注水成湖，形成一个深潭，作为矿坑花园主体。深潭四周根据地势的高低起伏，利用周围山体植被构建山地区，在较为平坦的二层平台构建台地区，在较低的迹地区域设置花卉区。各区域在前期复绿的基础上进一步人工造景，增加园林气息，在深潭四周高于水面以上的采石立面上雕刻巨型浮雕或石刻，反映当地特色文化，增加景观效果。

图 9.133　矿坑花园功能分区图

　　此外，考虑到该废弃地距离周边居民集中居住区较近，除上述功能区外，可以考虑在矿坑花园内另设置一处绿色健身区。建设区包括两个部分，一是健身舞广场，二是健身器械园地。

　　2）老年公寓+深坑酒店开发模式

　　规划范围为龙海市东溪坪建筑用凝灰岩矿区（30 号矿山废弃地）、龙海市角美镇金山石料场（31 号矿山废弃地）和角美镇金山石料场龙佳矿区（32 号矿山废弃地）。

　　规划原则：结合漳州台商投资区社会经济快速发展的需求和金山片区矿山废弃地的现状，本着"消除地质灾害隐患、再造景观、综合治理"的原则，前期在制定《矿山生态环境保护与恢复治理规划》的基础上，对矿山废弃地进行地形整理和工程绿化，后期作为可用于开展房地产开发建设的储备用地。规划措施如下。

　　（1）森林老年公寓群。利用现有龙海市角美原松碎石场（30 号矿山废弃地）废弃地崖壁前方包围的平坦迹地建设森林老年公寓群。通过前期各项地灾消除、台阶复绿等工程复绿措施，将因采石导致的景观破坏予以一定程度的恢复，在此基础上适当开展人工造景，形成较为优美的特色山体景观。考虑到该废弃地范围内仅仅因采石导致局部山体破坏，其余山体原生的森林植被情况良好。充分利用森林资源，构建天然氧吧。规划的老年公寓住宅群分为两种样式，一是多栋独立住宅构成的住宅群，二是参考新加坡乐龄农庄老年公寓的主体公寓样式，顺着目前圆弧形的采坑石壁形状，建设弧形的整体型住宅公寓，前方为景观绿地。

森林老年公寓群规划思路来源于山东新泰市新汶街道老年公寓。该公寓坐落于黑山峪村，所处位置原是一处群采后废弃的石坑，面积约 10 000 m²，坑洼不平、杂草丛生。为治理并进行综合利用，经多方论证决定在此建设老年公寓。公寓投入 600 万元建设一栋建筑面积 5 000 m² 的主楼，并建设配套设施及绿地广场，工程全部竣工后有效改善了当地的地质环境，为 200 余名入住老人提供了一个环境优美、空气清新的颐养天年的场所。

（2）五星级假日酒店及配套设施（深坑酒店）。利用现有龙海市角美镇金山石料场（31 号矿山废弃地）和角美镇金山石料场龙佳矿区（32 号矿山废弃地）废弃地建设深坑酒店。采用工程技术手段，将目前两个矿区的独立深坑连通，排空坑内积水并进一步扩大深坑面积，在消除地质灾害隐患及前期工程绿化的基础上，依采石切削残留石壁规划建设高档商务酒店，配套建设网球场、健身房、KTV、情景花园、停车场等辅助及娱乐设施，供会议、商务接待、旅游观光人群入住使用。

功能区划如图 9.134 所示。沉坑酒店分为以下几个区：矿坑酒店主体建筑区、网球中心、天台花园区、喷泉瀑布景观区、露天休闲餐吧、停车场。矿坑酒店主体建筑区内可以设置健身房、游泳池、KTV、桌球室、棋牌室等配套娱乐设施。喷泉瀑布景观区在条件许可情况下也可以搭建水幕电影放映设施。

图 9.134　深坑酒店功能分区图

深坑酒店规划思路来源于上海洲际世茂仙境酒店，该酒店利用旧矿场形成的深坑，从地表下探 80 m，依岩壁而建，是世界上首个建设于坑内的五星级酒店，地上三层、地下 17 层、水下一层，以天然室内花园＋大型景观瀑布＋上有景观总统房＋下有水中情景房为代表，并设有蹦极等娱乐项目。该深坑酒店建成后，拥有 370 间客房，能够为 1000 名客人提供会务和休闲服务。酒店的每间客房都设置观景阳台，可以近距离观赏对面壮观的百米瀑布，还可以在水景房中与鱼类比邻而居，体验前所未见的奇幻景观。

9.5　效益分析与保障措施

9.5.1　社会经济效益

本次矿山生态修复治理项目所在地为漳州台商投资区，它位于漳州、厦门城市联盟的连接点，是福建省最早开发的外向型工业区之一，也是规划中的漳州次中心城区。推动该地区的矿山生态环境恢复治理工作，可以更好地实践福建省委省人民政府提出的建设"生态海西"的战略举措。同时做好该区矿山的生态环境恢复治理能够更好地配合漳州台商投资区的战略发展定位，加快城镇化进程，激活投资区的休闲旅游产业机能，具有十分重大的社会意义。通过综合治理及后期的废弃地再利用，消除地质环境灾害隐患，可进一步提升广大人民群众的水土保持意识，调动起治理水土流失的积极性。通过生态环境治理方案实施及配套产业项目的发展，吸纳部分社会剩余劳动力，提供就业机会，可以缓解当前的就业压力。随着矿区环境逐渐改善与优化，生态系统功能将逐步增强，周边居民的生产和生活条件必也将得到相应的改善。总体上看，随着本次矿山修复治理项目的实施，将提高当地人民的生产生活水平，为发展当地的农业、旅游业和社会经济的可持续发展创造条件，产生可观的社会效益。

漳州台商投资区矿山生态修复治理项目是以先期恢复采石矿区生态环境，进而实现采石废弃地整治再利用为主要目标。在方案规划设计时兼顾矿山环境改善和地方经济发展的需求。

根据地方政府相关规划合理布局，恢复后绝大部分地区可利用为建设用地，进而规划建设城市绿地公园、休闲观光农庄、五星级酒店等旅游休闲娱乐场所，或者建设工业园区、仓储物流基地等。通过经济林木和果木种植、物流仓储业、旅游业发展，可以产生可观的经济收入。同时矿区生态环境的改善也带动提高了该地区的土地价值和附属价值。除上述增值效益外，由于生态修复工程的开展，矿区周边地质灾害等发生概率大幅度降低，也能体现显著的减灾经济效益，该效益等于无防灾工程时可能造成的直接经济损失与有防灾工程时可能造成的直接经济损失之差。

9.5.2　生态环境效益

漳州台商投资区矿山生态修复治理项目的实施，可实现矿区土地资源的再利用和矿山生态环境的改善，还绿山以本来面目。项目规划方案具体实施后，矿区现有裸露岩壁的面积将大幅减少，采石迹地、废石堆积区均为绿色植被所覆盖，从而达到美化矿区及其周边景观的效果，充分展现大自然的美好画卷。矿区内大面积经济树木和景观苗木的种植，可以减弱土壤侵蚀的强度，有效预防水土流失、泥石流等地质灾害的发生，同时还可以改善矿区土壤质地，提高土壤肥力，从很大程度上改善矿区的生态环境。总之，该项目的实施可以有效恢复矿区的绿色生态景观，提高山区的水源涵养能力，有效预防矿区地质灾害的发生，全面改善矿区生态环境的承载力，具有十分显著的生态环境效益。

9.5.3　组织管理保障

确保规划的组织保障措施得当是规划工作顺利开展的前提条件。本项生态修复治理及后期的再利用发展规划应由漳州台商投资区管理委员会牵头并组织实施。为使规划方案落实到位，应建立以管理委员会的主要领导为组长的投资区矿山生态修复治理领导小组，协同投资区环保、国土等相关职能部门成立专职机构，全面负责项目的组织协调、设计监理委托、项目施工招投标、项目投资审核支付等工作。具体施工阶段，由施工单位组建项目部，项目部在专职领导机构的统一监管和设计、监理单位的监督配合下，具体负责项目的施工。通过加强对本生态恢复治理规划方案实施的组织管理和行政管理，确保规划方案落到实处，保证规划方案顺利实施并发挥应有的作用。

9.5.4　政策保障

为贯彻落实《全国生态环境保护纲要》《矿山生态环境保护与污染防治技术政策》精神和依据《矿山生态环境保护与恢复治理方案编制导则》的相关规定，政府及相关部门应明确各自的责、权、利，相互协调配合，并出台必要的政策措施，保障该方案的顺利、有效实施。修复治理方案实施过程中应采取"三制"质量保证措施，即实行项目管理制、工程招标投标制和工程监理制，以保证生态恢复治理方案的顺利实施，并达到预期的设计目标。

9.5.5　资金保障

本修复治理项目实施的资金主要来自地方财政。使用时应制定严格的资金流转、监督、审查措施，保障项目投资用于实处。建立项目资金使用监督体系，定期检查项目执行情况与资金使用情况是否相协调，严禁工程进度落后于该阶段的资金使用额度；建立严格的项目资金使用层层审核制度，各项费用支出应有明细，并有资金各流转层负责人签字；建立项目资金使用管理体系，严格按照项目申报的资金使用方向定向安排资金，不得挪作他用。

项目验收时建设单位应就生态恢复投资概算调整情况、分年度投资安排、资金到位情况和经费支出情况写出总结。审计部门要定期和不定期地对资金的运作进行审计监督。

资金统一调动，确保资金全部用于矿山生态修复治理工程中。

9.5.6 技术保障

合理、可行的技术方案是矿山生态环境修复治理项目实施成败的关键，工程质量是衡量检验治理工程实施效果的标尺。应强化工程施工管理，在项目实施过程中，严格按照技术规范、规程及设计书、施工方案要求操作，对项目全过程进行质量监控，不允许出现不合格的原材料、中间成果和单项工程，确保最终成果的高质量。如遇现场地质情况与勘察设计条件有较大出入时及时向监理或业主方反映，由业主单位组织技术会审，必要时设计单位做出设计变更，施工单位按变更后的设计实施。对各作业组、作业人员定期进行质量责任制考核，确保质量目标实现。同时监理单位必须按相关技术规程、规范、设计要求及验收标准对工程各部分进行质量验收。建立健全技术档案的管理，包括矿山生态修复治理规划方案的设计资料、年度和月度施工情况总结及相关表格、文件及检查验收的全部资料，做到有据可查。加强技术人才队伍建设，根据项目工作要求，选派有经验、专业对口的技术人员开展工作。加强施工过程监理，关键工序聘请专家指导，聘请有资质的单位进行工程实施，保证工程质量。加强矿山废弃地生态环境监测，准确地对重点生态问题与生态破坏做出诊断。同时选派专人对矿区生态环境保护与恢复治理的实施效果进行监督。

参 考 文 献

艾晓燕，徐广军，2010. 基于生态恢复与生态修复及其相关概念的分析[J]. 黑龙江水利科技，3(38): 45.

安钢，孙波，张晗，等，2012. 修复植物生物解吸脱除重金属实验研究[J]. 生态环境学报，21(7): 1345-1350.

白中科，2010. 美国土地复垦的法制化之路[J]. 资源导刊(8): 44-45.

白中科，赵景逵，2000. 关于露天矿土地复垦与生态重建的几个问题[J]. 冶金矿山设计与建设(1): 33-37.

包维楷，刘照光，刘庆，2001. 生态恢复重建研究与发展现状及存在的主要问题[J]. 世界科技研究与发展(1): 44-48.

卞正富，1999. 煤矿区土地复垦条件分区研究[J]. 中国矿业大学学报(3): 37-42.

曹立雪，刘雁冰，2018. 矿山复绿技术方法研究[J]. 价值工程，37(36): 273-275.

陈奇，2009. 矿山环境治理技术与治理模式研究[D]. 北京：中国矿业大学(北京).

陈昌笃，1993. 持续发展与生态学[M]. 北京：中国科技出版社.

陈芳清，卢斌，王祥荣，2001. 樟村坪磷矿废弃地植物群落的形成与演替[J]. 生态学报(8): 1347-1353.

陈家珑，2005. 尾矿利用与建筑用砂[J]. 金属矿山(1): 71-75.

陈家珑，2011. 我国机制砂石行业的现状与展望[J]. 混凝土世界(2): 62-64.

陈相花，2013a. 小矿种 大管理[N]. 中国国土资源报，2013-09-04(009).

陈相花，2013b. 浙江省规范建筑用砂石黏土矿管理的启示[J]. 资源导刊(9): 52-53.

陈祖根，2015. 矿山水土保持防治及治理对策研究[J]. 科技创新与应用(8): 96.

程晓娜，张博，董晓方，等，2015. 我国砂石土矿开采现状及对策研究[J]. 中国矿业，24(5): 23-26.

崔娜，2012. 矿产资源开发补偿税费政策研究[D]. 北京：中国地质大学(北京).

邓锋，2017. 生态文明下的我国矿山环境管理体制研究[J]. 中国矿业，26(7): 88-90, 115.

邓小芳，2015. 中国典型矿区生态修复研究综述[J]. 林业经济，37(7): 14-19.

董佳伟，2017. 露天采矿场粉尘污染及其防治[J]. 内蒙古煤炭经济(24): 8-9.

董世魁，2009. 恢复生态[M]. 北京：高等教育出版社.

端木天望，刘志鸽，2017. 露天采矿粉尘污染及其治理对策措施[J]. 环境与发展，29(6): 92-93.

范军富，李忠伟，2005. 露天煤矿排土场土地复垦及其生态学原理[J]. 辽宁工程技术大学学报(3): 313-315.

高怀军，2015. 矿业城市采矿废弃地和谐生态修复及再利用研究[D]. 天津：天津大学.

高国雄，高保山，周心澄，等，2001. 国外工矿山土地复垦动态研究[J]. 水土保持，3(1): 98-103.

高丽霞，孔旭晖，曹震，2005. 广东采石场植被生态恢复技术及存在的问题[J]. 仲恺农业技术学院学报(3): 51-53.

高晓宁，2013. 土壤重金属污染现状及修复技术研究进展[J]. 现代农业科技(9): 229-231.

戈峰，刘向辉，潘卫东，等，2001. 蚯蚓在德兴铜矿废弃地生态恢复中的作用[J]. 生态学报(11): 1790-1795.

谷金锋, 蔡体久, 肖洋, 2004. 工矿区废弃地的植被恢复[J]. 东北林业大学学报(3): 19-22.

过孝民, 赵越, 2009. 环境污染成本评估理论与方法[M]. 北京: 中国环境科学出版社.

关军洪, 郝培尧, 董丽, 等, 2017. 矿山废弃地生态修复研究进展[J]. 生态科学, 36(2): 193-200.

郭焦锋, 白彦锋, 2014. 资源税改革轨迹与他国镜鉴: 引申一个框架[J]. 改革(12): 52-61.

韩继先, 2014. 砂石行业的发展现状及发展趋势[J]. 广东建材, 30(1): 56-58.

韩继先, 肖旭雨, 2013. 我国骨料的现状与发展趋势[J]. 混凝土世界(9): 36-42.

侯晓龙, 庄凯, 刘爱琴, 等, 2012. 不同植被配置模式对福建紫金山金铜矿废弃地土壤质量的恢复效果[J]. 农业环境科学学报, 31(8): 1505-1511.

胡幼奕, 2014. 正确认识砂石产品和砂石行业[J]. 混凝土世界(5): 41-44.

胡幼奕, 2016. 砂石骨料工业的昨天、今天和明天[J]. 混凝土世界(2): 56-61.

胡幼奕, 陈尧, 赵婧, 2019. 砂石骨料行业 资源整合 创新发展 融合发展典型样板[J]. 混凝土世界(7): 12-17.

胡振琪, 张光灿, 魏忠义, 等, 2003. 煤矸石山的植物种群生长及其对土壤理化特性的影响[J]. 中国矿业大学学报(5): 25-29, 33.

黄燕, 2012. 挂网客土喷播技术在石质边坡防护中的应用[J]. 森林工程, 28(6): 62-64.

黄硫明, 2006. 福建省矿山环境现状及区划研究[J]. 福建地质(4): 209-214.

黄细花, 卫泽斌, 郭晓方, 等, 2010. 套种和化学淋洗联合技术修复重金属污染土壤[J]. 环境科学, 31(12): 3067-3074.

计金标, 2007. 略论我国资源税的定位及其在税制改革中的地位[J]. 税务研究(11): 36-40.

贾林, 2018. 浅谈我国矿山地质灾害特点及其相关问题[J]. 世界有色金属(18): 138-139.

贾莹, 2017. 基于GIS的露天开采矿噪声环境影响评价研究[D]. 南京: 南京大学.

江峰, 2007. 矿产资源税费制度改革研究[D]. 北京: 中国地质大学(北京).

姜晨光, 姜祖彬, 李光, 等, 2008. 基于引力场的挡土墙设计方法研究与初步实验[J]. 中国煤炭地质(7): 49-51.

姜建军, 刘建伟, 张进德, 等, 2005. 我国矿产资源开发的环境问题及对策探析[J]. 国土资源情报(8): 22-26.

蒋高明, 2004. 植物生理生态学的学科起源与发展史[J]. 植物生态学报(2): 278-284.

蒋正举, 2014. "资源-资产-资本"视角下矿山废弃地转化理论及其应用研究[D]. 徐州: 中国矿业大学.

焦居仁, 2003. 生态修复的要点与思考[J]. 中国水土保持(2): 1.

景韬, 王娟, 2018. 完善矿产资源税费体系的思考[J]. 税务研究(3): 99-104.

李刚, 2019. 浅谈露天采矿矿山地质环境问题与恢复治理措施[J]. 世界有色金属(3): 47-48.

李悦, 2010. 废弃矿山的生态恢复与景观营造[D]. 北京: 北京林业大学.

李红举, 李少帅, 赵玉领, 2019. 澳大利亚矿山土地复垦与生态修复经验[J]. 中国土地(4): 46-48.

李若愚, 侯明明, 卿华, 等, 2007. 矿山废弃地生态恢复研究进展[J]. 矿产保护与利用(1): 50-54.

李斯佳, 王金满, 张兆彤, 2019. 矿产资源开发生态补偿研究进展[J]. 生态学杂志, 38(5): 1551-1559.

李汀蕾, 2013. 城市采石废弃地再利用建设方式与设计策略研究[D]. 大连: 大连理工大学.

李廷艳, 2016. 河道非法采砂的危害治理办法及建议[J]. 河南水利与南水北调(7): 91-92.

李向君, 2014. 矿山水土流失现状分析及防治措施[J]. 化工管理(18): 19.

李晓丹, 杨灏, 陈智婷, 等, 2018. 矿业废弃地再生利用综合研究进展[J]. 施工技术, 47(10): 146-152.

李一为, 杨文姬, 赵方莹, 等, 2010. 矿业废弃地植被恢复研究[J]. 中国矿业, 19(1): 58-60.

李媛媛, 2009. 矿山生态恢复与补偿费计算方法研究[D]. 长春: 吉林大学.

李志超, 2017. 矿山地质灾害区的生态恢复治理研究[D]. 天津: 天津商业大学.

李子海, 2008. 植被恢复中存在的一些生态学理论应用误区[J]. 环境科学导刊(S1): 72-73.

林康南, 梁跃先, 2019. 碎石生产线污水处理泥浆脱水技术应用及经济效益分析[J]. 广东水利水电(4): 72-75.

林维晟, 吴海泉, 胡家朋, 等, 2015. 生物酶生态修复重金属污染土壤[J]. 环境工程学报, 9(12): 6147-6153.

刘国华, 舒洪岚, 2003. 矿山废弃地生态恢复研究进展[J]. 江西林业科技, 13(3): 20-25.

刘海龙, 2004. 采矿废弃地的生态恢复与可持续景观设计[J]. 生态学报(2): 323-329.

刘浩田, 2019. 浅析露天采矿存在的环境问题及解决对策[J]. 化工管理(11): 54-55.

刘宏磊, 陈奇, 赵德康, 2016. 矿山环境修复治理模式探讨[J]. 煤炭工程, 48(S2): 91-95.

刘维涛, 倪均成, 周启星, 等, 2014. 重金属富集植物生物质的处置技术研究进展[J]. 农业环境科学学报, 33(1): 15-27.

刘文颖, 赵连荣, 吴琪, 2018. 我国砂石土类矿产管理政策量化研究: 基于政策工具视角[J]. 资源与产业, 20(1): 21-27.

刘晓娜, 赵中秋, 陈志霞, 等, 2011. 螯合剂、菌根联合植物修复重金属污染土壤研究进展[J]. 环境科学与技术, 34(S2): 127-133.

刘兴海, 2014. 湖北省河道非法采砂整治对策研究[D]. 武汉: 华中师范大学.

刘岩岩, 2016. 关于我国资源税的现状与改革分析[J]. 中外企业家(19): 105-106, 170.

刘远良, 2017. 关于碎石生产线噪声、粉尘、废水处理方式的研究[J]. 环境与发展, 29(6): 71-72.

卢春江, 2018. 漳州市矿山生态环境修复治理研究[D]. 福州: 福建农林大学.

陆瀛, 高宗军, 李国强, 2016. 乔山灰岩矿矿山生态环境恢复治理研究[J]. 内蒙古煤炭经济(12): 118-119.

罗奇, 2018. 矿山环境恢复治理基金制度研究[D]. 赣州: 江西理工大学.

麦少芝, 徐颂军, 梁志娇, 2005. 矿业废弃地的特点及其环境影响[J]. 云南地理环境研究(3): 23-27.

麦克哈格, 1992. 设计结合自然[M]. 丙经纬, 译. 北京: 中国建筑工业出版社.

孟猛, 宗美娟, 2010. 矿山生态恢复原理与技术[J]. 中国矿业, 19(9): 60-62.

莫爱, 周耀治, 杨建军, 2014. 矿山废弃地土壤基质改良研究的现状、问题及对策[J]. 地球环境学报, 5(4): 292-300.

倪琪, 谢艳平, 2006. 矿业遗迹保护研究: 以浙江遂昌金矿国家矿山公园为例[J]. 中国人口·资源与环境(2): 133-136.

牛一乐, 刘云国, 路培, 等, 2005. 中国矿山生态破坏现状及治理技术研究进展[J]. 环境科学与管理(5): 59-60.

潘晓锋, 梁发, 2018. 矿山开采诱发的常见地质灾害类型及防治[J]. 世界有色金属(4): 190, 192.

庞少静, 2002. 广西矿山生态恢复对策研究[D]. 长春: 吉林大学.

彭凤, 2008. 矿山废弃地景观修复与再造的研究[D]. 武汉: 华中农业大学.

彭少麟, 1996. 恢复生态学与植被重建[J]. 生态科学(2): 28-33.

彭兴华, 张晋, 裴明松, 2019. 湖北省砂石料供需形势分析及对策建议[J]. 中国国土资源经济, 32(5): 38-42.

蒲志仲, 2008. 中国矿产资源税费制度: 演变、问题与规范[J]. 长江大学学报(社会科学版)(1): 76-83.

秦高远, 周跃, 郭广军, 等, 2006. 矿山生态恢复研究进展[J]. 云南环境科学(4): 19-21.

秦品光, 柏明娥, 李树一, 2013. 废弃矿山硬质陡坡种植槽绿化技术研究[J]. 浙江林业科技, 33(1): 1-6.

邱志勇, 朱庆涛, 张阳阳, 等, 2018. 滁州市矿产资源特征及开发利用对策[J]. 中国国土资源经济, 31(3): 64-69.

曲勃, 2009. 矿产资源开发代价评估体系研究[J]. 工业技术经济, 28(11): 63-67.

全国砂石土矿开发管理调研组, 2015. 总结好经验 探索新路子[N]. 中国国土资源报, 2015-03-21(007).

施文泼, 贾康, 2011. 中国矿产资源税费制度的整体配套改革: 国际比较视野[J]. 改革(1): 5-20.

史春华, 王琼, 2009. 废弃采石场植被生态恢复探讨[J]. 中国园艺文摘, 25(4): 65-67.

史雪莹, 赵连荣, 吴琪, 2017. 我国砂石土类矿产开发利用现状及建议[J]. 矿产保护与利用(6): 14-19.

束文圣, 张志权, 蓝崇钰, 2000. 中国矿业废弃地的复垦对策研究(I)[J]. 生态科学(2): 24-29.

宋丹丹, 2012. 石灰岩矿山废弃地生态恢复与景观营建研究[D]. 保定: 河北农业大学.

宋书巧, 周永章, 2001. 矿业废弃地及其生态恢复与重建[J]. 矿产保护与利用(5): 43-49.

孙红, 程典, 米锋, 2012. 煤矿废弃地生态植被恢复技术研究[J]. 价值工程, 31(23): 92-93.

孙婧, 史登峰, 2014. 我国砂石资源开发利用分析及管理对策[J]. 中国国土资源经济, 27(10): 45-48.

谭海文, 梁善龙, 农深富, 等, 2015. 露天矿边坡稳定性分析及预应力锚索加固治理方法[J]. 露天采矿技术(10): 15-18.

汤万金, 胡乃联, 李祥仪, 1999. 矿区可持续发展的几个基本问题[J]. 中国矿业(1): 15-18.

唐浩, 朱江, 黄沈发, 等, 2013. 蚯蚓在土壤重金属污染及其修复中的应用研究进展[J]. 土壤, 45(1): 17-25.

王超, 毕君, 2012. 金属矿山废弃地类型划分与生态退化特征[J]. 环境保护科学, 38(1): 41-44, 49.

王花, 2016. 建筑砂石骨料现状与发展趋势[J]. 泰州职业技术学院学报, 16(2): 57-58, 64.

王雷, 宋效刚, 徐燕英, 等, 2012. 煤矿废弃地生态修复研究[J]. 安徽农学通报(上半月刊), 18(5): 110-112.

王琪, 郑军, 张立烨, 2017. 矿区水污染防治探讨[J]. 世界有色金属(17): 292, 294.

王英, 2018. 露天矿山地质灾害预防的有效措施[J]. 世界有色金属(16): 158, 160.

王玥, 2018. 矿山环境修复治理模式理论与实践[J]. 科技风(28): 121.

王洁军, 2018. 突出生态保护核心地位 加速砂石行业转型升级[N]. 中国建材报, 2018-05-04(003).

王洁军, 郎营, 2018. 新形势下我国砂石行业发展现状及对策研究[J]. 建材发展导向, 16(8): 3-8.

王瑞君, 李林霞, 何玉玲, 等, 2014. 采矿废弃地生态与景观恢复治理模式探讨[J]. 黑龙江农业科学(4): 85-90.

王腾飞, 2017. 采石场生态修复技术研究与效果评价[D]. 北京: 中国地质大学(北京).

王永生, 2009. 国外矿山环境恢复的标准与技术要求[J]. 国土资源导刊(湖南)(4): 59-60.

王永生, 郑敏, 2002. 废弃矿坑综合利用[J]. 中国矿业(6): 66-68.

韦冠俊, 1990. 矿山环境保护冶金[M]. 北京: 冶金工业出版社.

魏远, 顾红波, 薛亮, 等, 2012. 矿山废弃地土地复垦与生态恢复研究进展[J]. 中国水土保持科学, 10(2): 107-114.

魏观希, 2015. 采石矿山绿化治理的探讨[J]. 采矿技术, 15(6): 74-75.

温久川, 2012. 矿区生态环境问题及生态恢复研究[D]. 呼和浩特: 内蒙古大学.

吴欢, 周兴, 2003. 矿山废弃地生态恢复研究[J]. 广西师范学院学报(自然科学版)(S1): 32-35, 42.

吴鹏, 2011. 浅析生态修复的法律定义[J]. 环境与可持续发展(3): 63-65.

吴琪, 陈从喜, 葛振华, 等, 2018. 我国普通建材用砂石土类矿产开发利用若干问题的探讨[J]. 矿产勘查, 9(5): 998-1004.

吴强, 2008. 矿产资源开发环境代价及实证研究[D]. 北京: 中国地质大学(北京).

吴和政, 郑薇, 2007. 我国矿山生态环境及生态恢复技术的现状[J]. 中国地质灾害与防治学报(S1): 35-37.

吴靖雪, 张希, 李鑫, 2015. 矿山废弃地生态修复模式与技术研究[J]. 现代商贸工业, 36(7): 83-84.

武强, 2003. 我国矿山环境地质问题类型划分研究[J]. 水文地质工程地质(5): 107-112.

武强, 薛东, 连会青, 2005. 矿山环境评价方法综述[J]. 水文地质工程地质(3): 84-88.

武强, 刘宏磊, 陈奇, 等, 2017. 矿山环境修复治理模式理论与实践[J]. 煤炭学报, 42(5): 1085-1092.

奚剑明, 2017. 我国砂石行业产业链现状研究[J]. 经济师(2): 28-30.

夏汉平, 束文圣, 2001. 香根草和百喜草对铅锌尾矿重金属的抗性与吸收差异研究[J]. 生态学报(7): 1121-1129.

夏汉平, 蔡锡安, 2002. 采矿地的生态恢复技术[J]. 应用生态学报(11): 1471-1477.

肖军, 2017. 矿山水土流失原因及相关治理措施分析[J]. 江西建材(24): 220, 224.

谢计平, 2017. 矿山废弃地分析及生态环境修复技术研究进展[J]. 环境保护与循环经济, 37(6): 41-45, 53.

薛建, 胡国长, 王伟, 2014. 矿山地质环境治理中的景观营造及其模式探讨: 以江苏省为例[J]. 安徽农业科学, 42(33): 11790-11793.

杨辉, 2019. 矿山生态修复与景观再造理论初探[J]. 国土资源(1): 46-47.

杨韡韡, 2012. 矿山废弃地生态修复技术与效应研究[D]. 郑州: 华北水利水电学院.

杨晓艳, 姬长生, 王秀丽, 2008. 我国矿山废弃地的生态恢复与重建[J]. 矿业快报(10): 22-24, 48.

姚桂明, 2015. 砂石资源行政管理的法律评价[J]. 法制与经济(9): 65-66.

叶林春, 朱雪梅, 邵继荣, 2008. 矿山开采水土流失现状与治理措施[J]. 中国水土保持科学(S1): 88-89, 94.

易亚平, 2013. 浅谈系统锚杆挂网客土喷播植草施工技术[J]. 黑龙江交通科技, 36(5): 22.

尹德涛, 南忠仁, 金成洙, 2004. 矿区生态研究的现状及发展趋势[J]. 地理科学(2): 238-244.

虞蔚君, 2007. 废弃地再生的研究[D]. 南京: 南京农业大学.

袁哲路, 2013. 矿山废弃地的景观重塑与生态恢复[D]. 南京: 南京林业大学.

袁国华, 刘建伟, 2003. 中国矿山环境现状与管理模式设想[J]. 国土资源(7): 20-22.

袁剑刚, 周先叶, 陈彦, 等, 2005. 采石场悬崖生态系统自然演替初期土壤和植被特征[J]. 生态学报(6): 1517-1522.

袁小琴, 彭斌, 梁木金, 2007. 广西采矿区水污染现状及防治对策[J]. 广西水利水电(2): 32-34.

张华, 鹿爱莉, 2018. 砂石资源的价值、价格与所有者权益[J]. 中国矿业, 27(1): 63-65.

张博文, 李富平, 许永利, 2018. 石矿迹地植物综合恢复技术[J]. 分子植物育种, 16(9): 3073-3077.

张成梁, LI B L, 2011. 美国煤矿废弃地的生态修复[J]. 生态学报, 31(1): 276-285.

张鸿龄, 孙丽娜, 孙铁珩, 等, 2012. 矿山废弃地生态修复过程中基质改良与植被重建研究进展[J]. 生态学杂志, 31(2): 460-467.

张丽芳, 濮励杰, 涂小松, 2010. 废弃地的内涵、分类及成因探析[J]. 长江流域资源与环境, 19(2): 180-185.

张绍良, 彭德福, 1999. 试论我国土地复垦现状与发展[J]. 中国土地科学(2): 2-6.

张士菊, 张光进, 郇伟韬, 2017. 矿产资源补偿费征收研究述评及其对管理的启示[J]. 中国国土资源经济, 30(3): 18-21, 13.

张新时, 2010. 关于生态重建和生态恢复的思辨及其科学涵义与发展途径[J]. 植物生态学报, 34(1): 113-115.

张亚明, 夏杰长, 2010. 我国资源税费制度的现状与改革构想[J]. 税务研究(7): 57-59.

赵政, 侯克鹏, 2014. 露天矿边坡支护抗滑桩桩间距计算及工程实践[J]. 黄金, 35(2): 39-42.

郑敏, 赵军伟, 2003. 废弃矿坑综合利用新途径[J]. 矿产保护与利用(3): 49-53

赵双健, 2017. 矿山废弃地的生态修复与旅游体验环境营造研究[D]. 西安: 陕西科技大学.

郑涛, 2018. 矿山地质灾害危险性等级划分及防治措施[J]. 世界有色金属(17): 197, 200.

郑思光, 张博文, 鲁明星, 2017. 裸露岩体快速覆盖技术下飘台稳定性分析[J]. 现代矿业, 33(7): 18-20.

郑雅娴, 曹晓军, 蒋林勇, 2019. 露采矿区生态环境恢复治理存在的问题及对策[J]. 陕西林业科技, 47(2): 92-94, 113.

钟爽, 2005. 矿山废弃地生态恢复理论体系及其评价方法研究[D]. 阜新: 辽宁工程技术大学.

周波, 范丛昕, 2019. 资源税改革相关问题探讨[J]. 税务研究(7): 23-27.

周航, 肖锦华, 曾敏, 等, 2010. 2 种无机洗脱剂对矿区污染土壤中铅、镉的洗脱研究[J]. 生态与农村环境学报, 26(3): 241-245.

周鸣, 汤红妍, 朱书法, 等, 2014. EDTA 强化电动力学修复重金属复合污染土壤[J]. 环境工程学报, 8(3): 1197-1202.

周启星, 魏树和, 张倩茹, 等, 2006. 生态修复[M]. 北京: 中国环境科学出版社.

朱德华, 蒋德明, 朱丽辉, 2005. 恢复生态学及其发展历程[J]. 辽宁林业科技(5): 48-50.

朱光旭, 郭庆军, 杨俊兴, 等, 2013. 淋洗剂对多金属污染尾矿土壤的修复效应及技术研究[J]. 环境科学, 34(9): 3690-3696.

朱清清, 邵超英, 张琮, 等, 2010. 生物表面活性剂皂角苷增效去除土壤中重金属的研究[J]. 环境科学学报, 30(12): 2491-2498.

朱佳文, 邹冬生, 向言词, 等, 2012. 钝化剂对铅锌尾矿砂中重金属的固化作用[J]. 农业环境科学学报, 31(5): 920-925.

朱紫微, 2017. 生态恢复理念下废弃矿山景观重塑设计问题研究[D]. 秦皇岛: 燕山大学.

BELL L C, 2001. Establishment of native ecosystems after mining: Australian experience across diverse bio-geographic zones[J]. Ecological engineering, 17: 179-186.

CHEN M, MA L Q, SINGH S P, et al., 2003. Field demonstration of in situ immobilization of soil Pb using P amendment[J]. Advances in Environmental Research, 8(1): 93-102.

DAVIS J G, WEEKS G, PARKER M B, 1995. Parker use of deep tillage and liming to reduce zinc toxicity in peanuts grown on flue dust contaminated land[J]. Soil Technology, 8(2): 85-95.

FAYIGA A O, MA L Q, ZHOU Q, 2007. Effects of plant arsenic uptake and heavy metals on arsenic distribution in an arsenic-contaminated soil[J]. Environmental Pollution, 147(3): 737-742.

KHAN A G, KUEK C, CHAUDHRY T M, et al., 2000. Role of plants, mycorrhizae and phytochelators in heavy metal contaminated land remediation[J]. Chemosphere, 41(1-2): 197-207.

YE Z H, YANG Z Y, CHAN G Y S, et al., 2001. Growth response of Sesbania rostrata and S.cannabina to sludge-amended lead/zinc mine tailings: A greenhouse study[J]. Environment International, 26: 449-455.

索　引